KB184303

PASS

롤러
운전기능사

필기 문제집

다락원아카데미 편

다락원

머리말

최근 건설 및 토목 등의 분야에서 각종 건설기계가 다양하게 사용되고 있습니다. 건설 산업현장에서 건설기계는 효율성이 매우 높기 때문에 국가산업 발전뿐만 아니라, 각종 해외 공사에까지 중요한 역할을 수행하고 있습니다. 이에 따라 건설 산업현장에서는 건설기계 조종 인력이 많이 필요해졌고, 건설기계 조종 면허에 대한 가치도 높아졌습니다.

〈원큐패스 롤러운전기능사 필기 문제집〉은 '롤러운전기능사 필기시험'을 준비하는 수험생들이 단기간에 효율적인 학습을 통해 필기시험에 합격할 수 있도록 다음과 같은 특징으로 구성하였으니 참고하여 시험을 준비하시길 바랍니다.

1. 과목별 빈출 예상문제
- 기출문제 중 출제 빈도가 높은 문제만을 선별하여 과목별로 예상문제를 정리하였습니다.
- 각 문제에 상세한 해설을 추가하여, 이해하기 어려운 문제도 쉽게 학습할 수 있습니다.

2. 실전 모의고사 5회
- 실제 시험과 유사하게 구성하여 실전처럼 연습할 수 있는 실전 모의고사 5회를 제공합니다.
- 시험 직전 자신의 실력을 점검하고 시간 관리 능력을 키울 수 있습니다.

3. 모바일 모의고사 5회
- QR코드를 통해 제공되는 모바일 모의고사 5회로 언제 어디서든 연습할 수 있습니다.
- CBT 방식으로 시행되는 시험에 대비하며 실전 감각을 익힐 수 있습니다.

4. 핵심 이론 요약
- 시험 직전에 빠르게 확인할 수 있는, 꼭 알아야 하는 핵심 이론만 요약하여 제공합니다.
- 과목별 빈출 예상문제를 풀다가 모르는 내용은 요약된 이론을 참고해 효율적으로 학습할 수 있습니다.

수험생 여러분의 앞날에 합격의 기쁨과 발전이 있기를 기원하며, 이 책의 부족한 점은 여러분의 소중한 조언으로 계속 수정, 보완할 것을 약속드립니다.

이 책에 대한 문의사항은
원큐패스 카페(http://cafe.naver.com/1qpass)로 하시면 친절히 답변해 드립니다.

개요

도로포장은 사회간접시설로서 물류비용의 절감을 통한 다른 산업의 촉매작용을 하게 된다. 롤러는 이런 작업에 사용되는 포장용 건설기계 중의 하나로 땅 또는 아스팔트 면을 다지는 데 쓰이며, 운전 시 특수한 기술을 요한다. 이에 따라 롤러의 안전 운행과 기계 수명 연장 및 작업능률 제고를 위해 산업현장에 필요한 숙련기능인력 양성이 요구된다.

수행직무

도로, 활주로, 운동경기장, 제방 등의 지반이나 지층을 다져주기 위해서 정지명세서에 따라 흙, 돌, 자갈, 아스팔트, 콘크리트 등을 굳게 다지는 롤러를 운전하고 정비하는 업무를 수행하는 직무이다.

진로 및 전망

건설업체, 건설기계대여업체, 한국도로공사 건설기계부서, 지방자체단체의 건설기계관리부서 등으로 진출할 수 있다.

시험일정

구분	필기 원서 접수(인터넷)	필기시험	필기 합격(예정자) 발표
정기 1회	1월경	2월경	2월경
정기 2회	3월경	4월경	4월경
정기 4회	8월경	9월경	9월경

* 자세한 일정은 시행처인 한국산업인력공단(www.q-net.or.kr)에서 확인

필기

시험과목	롤러 운전, 점검 및 안전관리	
주요항목	**장비구조**	1. 엔진구조 2. 전기장치 3. 차체장치 4. 유압장치
	롤러 안전관리	1. 산업안전보건 2. 작업·장비 안전관리
	건설기계관리법규	1. 건설기계등록 및 검사 2. 면허·사업·벌칙
	조종 및 작업	1. 롤러 조종 2. 롤러 작업
검정방법	전과목 혼합, 객관식 4지 택일형 60문항	
시험시간	1시간	
합격기준	100점을 만점으로 하여 60점 이상	

실기

시험과목	롤러 운전 실무
주요항목	작업 전 장비점검, 롤러 안전관리, 콤비롤러 조종, 토사·골재 다짐작업, 아스콘 다짐작업, 작업 후 점검
검정방법	작업형
시험시간	6분 정도
합격기준	100점을 만점으로 하여 60점 이상

책의 구성

과목별 빈출 예상문제

- 기출문제의 철저한 분석을 통하여 출제 빈도가 높은 유형의 문제를 수록하였다.
- 예상문제를 각 과목별로 수록하여 이해도를 한층 높일 수 있도록 구성하였다.

실전 모의고사 5회

수험생들이 시험 직전에 풀어보며 실전 감각을 키우고 자신의 실력을 테스트해 볼 수 있도록 구성하였다.

핵심 이론 요약

꼭 알아야 하는 핵심 이론을 과목별로 모아 효율적으로 학습할 수 있도록 구성하였다.

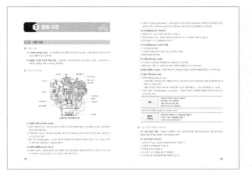

모바일 모의고사 5회

본책에 수록된 실전 모의고사 5회와 별도로 간편하게 모바일로 모의고사에 응시할 수 있도록 모바일 모의고사를 수록하였다.

책 활용법

STEP 1

과목별 빈출 예상문제로
시험 유형 익히기

시험에 자주 출제되는 문제들로 시험 유형을 익히고, 상세한 해설을 통해 문제를 이해할 수 있다.

STEP 2

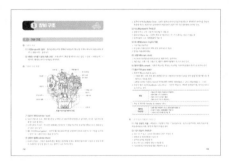

핵심 이론 요약으로
기본 개념 다지기

꼭 알아야 할 핵심 이론을 요약하여 제공하며, 과목별 빈출 예상문제를 풀다가 모르는 내용은 이를 참고해 효율적으로 학습할 수 있다.

STEP 3

실전 모의고사 5회로
마무리하기

시험 직전 실전 모의고사를 풀어보며 실전처럼 연습할 수 있다.

STEP 4

모바일 모의고사 5회 제공

언제 어디서나 스마트폰만 있으면 쉽게 모바일로 모의고사 시험을 볼 수 있다.

CBT(Computer Based Test) 시험 안내

2017년부터 모든 기능사 필기시험은 시험장의 컴퓨터를 통해 이루어집니다. 화면에 나타난 문제를 풀고 마우스를 통해 정답을 표시하여 모든 문제를 다 풀었는지 한 번 더 확인한 후 답안을 제출하고, 제출된 답안은 감독자의 컴퓨터에 자동으로 저장되는 방식입니다. 처음 응시하는 학생들은 시험 환경이 낯설어 실수할 수 있으므로, 반드시 사전에 CBT 시험에 대한 충분한 연습이 필요합니다. Q-Net 홈페이지에서는 CBT 체험하기를 제공하고 있으니, 잘 활용하기를 바랍니다.

■ Q-Net 홈페이지의 CBT 체험하기

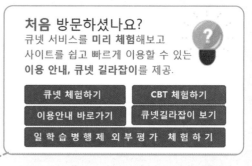

⟨http://www.q-net.or.kr⟩

■ CBT 시험을 위한 모바일 모의고사

① QR코드 스캔 → 도서 소개화면에서 '모바일 모의고사' 터치

② 로그인 후 '실전 모의고사' 회차 선택

③ 스마트폰 화면에 보이는 문제를 보고 정답란에 정답 체크

④ 문제를 다 풀고 '채점하기' 터치 → 내 점수, 정답, 오답, 해설 확인 가능

문제 풀기   채점하기   해설 보기

목차

Part
1

과목별
빈출 예상문제

1 엔진구조

01 열에너지를 기계적 에너지로 변환시켜주는 장치는?

① 펌프(pump)
② 모터(motor)
③ 엔진(engine)
④ 밸브(valve)

⊕ 해설 열기관(엔진)이란 열에너지를 기계적 에너지로 바꾸어 유효한 일을 할 수 있도록 하는 장치이다.

02 가솔린 엔진에 비해 디젤엔진의 장점으로 볼 수 없는 것은?

① 열효율이 높다.
② 압축압력, 폭압압력이 크기 때문에 마력당 중량이 크다.
③ 유해배기가스 배출량이 적다.
④ 흡입행정 시 펌핑손실을 줄일 수 있다.

⊕ 해설 디젤기관은 압축압력과 폭압압력이 크기 때문에 마력당 중량이 큰 단점이 있다.

03 4행정 사이클 기관에서 1사이클을 완료할 때 크랭크축은 몇 회전하는가?

① 1회전 ② 2회전
③ 3회전 ④ 4회전

⊕ 해설 4행정 사이클 기관은 크랭크축이 2회전하고, 피스톤은 흡입 → 압축 → 폭발(동력) → 배기의 4행정을 하여 1사이클을 완성한다.

04 기관에서 피스톤의 행정이란?

① 피스톤의 길이
② 실린더 벽의 상하 길이
③ 상사점과 하사점과의 총면적
④ 상사점과 하사점과의 거리

⊕ 해설 피스톤 행정이란 상사점과 하사점사이의 거리이다.

05 실린더의 압축압력이 저하하는 주요 원인으로 틀린 것은?

① 실린더 벽의 마멸
② 피스톤링의 탄력부족
③ 헤드개스킷 파손에 의한 누설
④ 연소실 내부의 카본누적

⊕ 해설 압축압력이 저하되는 원인은 실린더 벽의 마모 또는 피스톤 링 파손 또는 과다 마모, 피스톤링의 탄력부족, 헤드 개스킷에서 압축가스 누설, 흡입 또는 배기밸브의 밀착 불량 등이다.

06 배기행정 초기에 배기밸브가 열려 실린더 내의 연소가스가 스스로 배출되는 현상은?

① 피스톤 슬랩
② 블로바이
③ 블로다운
④ 피스톤 행정

⊕ 해설 블로다운이란 폭발행정 끝 부분 즉, 배기행정 초기에 배기밸브가 열려 실린더 내의 압력에 의해서 배기가스가 배기밸브를 통해 스스로 배출되는 현상이다.

07 연소실과 연소의 구비조건이 아닌 것은?

① 분사된 연료를 가능한 한 긴 시간 동안 완전연소 시킬 것
② 평균유효 압력이 높을 것
③ 고속회전에서 연소상태가 좋을 것
④ 노크발생이 적을 것

🔘해설 연소실은 분사된 연료를 가능한 한 짧은 시간 내에 완전연소 시켜야 한다.

08 디젤기관에서 직접분사실식 장점이 아닌 것은?

① 연료소비량이 적다.
② 냉각손실이 적다.
③ 연료계통의 연료누출 염려가 적다.
④ 구조가 간단하여 열효율이 높다.

🔘해설 **직접분사식의 장점**
• 실린더 헤드(연소실)의 구조가 간단하여 열효율이 높다.
• 연료소비율이 적다.
• 연소실 체적에 대한 표면적 비율이 작아 냉각손실이 적다.
• 기관 시동이 쉽다.

09 예연소실식 연소실에 대한 설명으로 가장 거리가 먼 것은?

① 예열플러그가 필요하다.
② 사용연료의 변화에 민감하다.
③ 예연소실은 주연소실보다 작다.
④ 분사압력이 낮다.

🔘해설 예연소실식 연소실은 사용연료의 변화에 둔감하다.

10 실린더 헤드와 블록사이에 삽입하여 압축과 폭발가스의 기밀을 유지하고 냉각수와 엔진오일이 누출되는 것을 방지하는 역할을 하는 것은?

① 헤드 워터재킷
② 헤드볼트
③ 헤드 오일통로
④ 헤드개스킷

🔘해설 헤드개스킷은 실린더 헤드와 블록사이에 삽입하여 압축과 폭발가스의 기밀을 유지하고 냉각수와 엔진오일이 누출되는 것을 방지한다.

11 냉각수가 라이너 바깥둘레에 직접 접촉하고, 정비 시 라이너 교환이 쉬우며, 냉각효과가 좋으나, 크랭크 케이스에 냉각수가 들어갈 수 있는 단점을 가진 것은?

① 진공 라이너
② 건식 라이너
③ 유압 라이너
④ 습식 라이너

🔘해설 습식 라이너는 냉각수가 라이너 바깥둘레에 직접 접촉하는 형식이며, 정비작업을 할 때 라이너 교환이 쉽고 냉각효과가 좋으나, 크랭크 케이스로 냉각수가 들어갈 우려가 있다.

12 기관에서 실린더 마모가 가장 큰 부분은?

① 실린더 아랫부분
② 실린더 윗부분
③ 실린더 중간부분
④ 실린더 연소실 부분

🔘해설 실린더 벽의 마모는 윗부분(상사점 부근)이 가장 크다.

13 피스톤의 구비조건으로 틀린 것은?

① 고온·고압에 견딜 것
② 열전도가 잘될 것
③ 피스톤 중량이 클 것
④ 열팽창률이 적을 것

⊕ 해설 피스톤의 구비조건은 피스톤의 중량이 적어야 하고, 고온·고압에 견뎌야 하며, 열전도가 잘되고 열팽창률이 적어야 한다.

14 피스톤의 형상에 의한 종류 중에 측압부의 스커트 부분을 떼어내 경량화하여 고속엔진에 많이 사용되는 피스톤은 무엇인가?

① 솔리드 피스톤
② 풀 스커트 피스톤
③ 스플릿 피스톤
④ 슬리퍼 피스톤

⊕ 해설 슬리퍼 피스톤(slipper piston)은 측압부의 스커트 부분을 떼어내 경량화하여 고속엔진에 많이 사용한다.

15 기관의 피스톤이 고착되는 원인이 아닌 것은?

① 냉각수량이 부족할 때
② 압축압력이 너무 높을 때
③ 기관이 과열되었을 때
④ 기관 오일이 부족할 때

⊕ 해설 피스톤 간극이 적을 때, 기관 오일이 부족할 때, 기관이 과열되었을 때, 냉각수량이 부족할 때 기관의 피스톤이 고착될 수 있다.

16 디젤엔진에서 피스톤링의 3대 작용과 거리가 먼 것은?

① 응력분산 작용
② 기밀 작용
③ 오일제어 작용
④ 열전도 작용

⊕ 해설 피스톤링의 작용은 기밀유지 작용(밀봉 작용), 오일제어 작용(엔진오일을 실린더 벽에서 긁어내리는 작용), 열전도 작용(냉각 작용)이다.

17 피스톤링의 구비조건으로 틀린 것은?

① 열팽창률이 적을 것
② 고온에서도 탄성을 유지할 것
③ 링 이음부의 압력을 크게 할 것
④ 피스톤링이나 실린더 마모가 적을 것

⊕ 해설 피스톤링은 링 이음부의 파손을 방지하기 위하여 압력을 작게 하여야 한다.

18 기관에서 크랭크축의 역할은?

① 원활한 직선운동을 하는 장치이다.
② 기관의 진동을 줄이는 장치이다.
③ 직선운동을 회전운동으로 변환시키는 장치이다.
④ 상하운동을 좌우운동으로 변환시키는 장치이다.

⊕ 해설 크랭크축은 피스톤의 직선운동을 회전운동으로 변환시키는 장치이다.

19 기관의 크랭크축 베어링의 구비조건으로 틀린 것은?

① 마찰계수가 클 것
② 내피로성이 클 것
③ 매입성이 있을 것
④ 추종유동성이 있을 것

⊕해설 크랭크축 베어링은 마찰계수가 작고, 내피로성이 커야 하며, 매입성과 추종유동성이 있어야 한다.

20 기관의 맥동적인 회전 관성력을 원활한 회전으로 바꾸어주는 역할을 하는 것은?

① 크랭크축   ② 피스톤
③ 플라이휠   ④ 커넥팅로드

⊕해설 플라이휠은 기관의 맥동적인 회전을 관성력을 이용하여 원활한 회전으로 바꾸어주는 역할을 한다.

21 4행정 사이클 기관에서 크랭크축 기어와 캠축기어와의 지름의 비 및 회전비는 각각 얼마인가?

① 1 : 2 및 2 : 1
② 2 : 1 및 2 : 1
③ 1 : 2 및 1 : 2
④ 2 : 1 및 1 : 2

⊕해설 4행정 사이클 기관에서 크랭크축 기어와 캠축 기어와의 지름의 비율은 1 : 2이고, 회전비율은 2 : 1 이다.

22 유압식 밸브 리프터의 장점이 아닌 것은?

① 밸브간극 조정은 자동으로 조절된다.
② 밸브 개폐시기가 정확하다.
③ 밸브구조가 간단하다.
④ 밸브기구의 내구성이 좋다.

⊕해설 유압식 밸브 리프터는 밸브간극이 자동으로 조절되며, 밸브개폐 시기가 정확하며, 밸브기구의 내구성이 좋은 장점이 있으나 밸브기구의 구조가 복잡한 단점이 있다.

23 흡·배기밸브의 구비조건이 아닌 것은?

① 열전도율이 좋을 것
② 열에 대한 팽창률이 적을 것
③ 열에 대한 저항력이 적을 것
④ 가스에 견디고 고온에 잘 견딜 것

⊕해설 밸브의 구비조건은 열에 대한 저항력이 클 것, 열전도율이 좋을 것, 가스에 견디고 고온에 잘 견딜 것, 열에 대한 팽창률이 적을 것이다.

24 엔진의 밸브가 닫혀있는 동안 밸브시트와 밸브 페이스를 밀착시켜 기밀이 유지되도록 하는 것은?

① 밸브 리테이너   ② 밸브가이드
③ 밸브스템   ④ 밸브스프링

⊕해설 밸브스프링은 밸브가 닫혀있는 동안 밸브시트와 밸브 페이스를 밀착시켜 기밀이 유지되도록 한다.

25 기관의 밸브간극이 너무 클 때 발생하는 현상에 관한 설명으로 올바른 것은?

① 정상온도에서 밸브가 확실하게 닫히지 않는다.

② 밸브스프링의 장력이 약해진다.

③ 푸시로드가 변형된다.

④ 정상온도에서 밸브가 완전히 개방되지 않는다.

⊕ 해설 밸브간극이 너무 크면 소음이 발생하며, 정상온도에서 밸브가 완전히 개방되지 않는다. 밸브 간극이 작으면 밸브가 열려 있는 기간이 길어지므로 실화가 발생힐 수 있다.

26 엔진 윤활유의 기능이 아닌 것은?

① 윤활작용　　② 연소작용

③ 냉각작용　　④ 방청작용

⊕ 해설 윤활유의 주요기능으로는 기밀작용(밀봉작용), 방청 작용(부식방지작용), 냉각작용, 마찰 및 마멸방지작용, 응력분산작용(충격완화작용), 세척작용 등이 있다.

27 기관 윤활유의 구비조건이 아닌 것은?

① 점도가 적당할 것

② 청정력이 클 것

③ 비중이 적당할 것

④ 응고점이 높을 것

⊕ 해설 윤활유의 구비조건에는 점도가 적당할 것, 인화점 및 자연발화점이 높을 것, 응고점이 낮을 것, 비중이 적당할 것, 강인한 유막을 형성할 것, 기포발생 및 카본생성에 대한 저항력(청정력)이 클 것 등이 있다.

28 기관에 사용되는 윤활유의 성질 중 가장 중요한 것은?

① 온도　　　　② 점도

③ 습도　　　　④ 건도

⊕ 해설 윤활유의 성질 중 가장 중요한 것은 점도이다.

29 온도에 따르는 점도변화 정도를 표시하는 것은?

① 점도지수　　② 점화지수

③ 점도분포　　④ 윤활성

⊕ 해설 점도지수란 오일의 점도는 온도가 높아지면 점도가 낮아지고, 온도가 낮아지면 점도가 높아지는 성질이 있는데 이 변화 정도를 표시하는 것이다.

30 엔진오일의 점도지수가 큰 경우 온도변화에 따른 점도변화는?

① 점도가 수시로 변화한다.

② 온도에 따른 점도변화가 크다.

③ 온도에 따른 점도변화가 작다.

④ 온도와 점도는 무관하다.

⊕ 해설 점도지수가 크면 온도에 따른 점도변화가 작다.

31 일반적으로 기관에 많이 사용되는 윤활방법은?

① 분무 급유식

② 비산압송 급유식

③ 적하 급유식

④ 수 급유식

⊕ 해설 기관에서 많이 사용하는 윤활방식은 비산압송 급유식이다.

32 기관의 주요 윤활부분이 아닌 것은?

① 플라이휠　　② 실린더

③ 피스톤링　　④ 크랭크 저널

⊕ 해설 플라이휠 뒷면에는 수동변속기의 클러치가 설치되므로 윤활을 해서는 안 된다.

33 엔진 윤활에 필요한 엔진오일이 저장되어 있는 곳으로 옳은 것은?

① 스트레이너　　② 오일펌프
③ 오일 팬　　　　④ 오일필터

🔎**해설** 오일 팬은 기관오일이 저장되어 있는 부품이다.

34 오일 스트레이너(oil strainer)에 대한 설명으로 바르지 못한 것은?

① 고정식과 부동식이 있으며 일반적으로 고정식이 많이 사용되고 있다.
② 불순물로 인하여 여과망이 막힐 때에는 오일이 통할 수 있도록 바이패스밸브(by pass valve)가 설치된 것도 있다.
③ 보통 철망으로 만들어져 있으며 비교적 큰 입자의 불순물을 여과한다.
④ 오일필터에 있는 오일을 여과하여 각 윤활부로 보낸다.

🔎**해설** 오일 스트레이너는 오일펌프로 들어가는 오일을 여과하는 부품이다.

35 윤활장치에 사용되고 있는 오일펌프로 적합하지 않은 것은?

① 기어펌프　　　② 로터리펌프
③ 베인펌프　　　④ 원심펌프

🔎**해설** 오일펌프의 종류에는 기어펌프, 베인펌프, 로터리펌프, 플런저펌프가 있다.

36 기관의 윤활장치에서 엔진오일의 여과방식이 아닌 것은?

① 전류식　　　　② 샨트식
③ 합류식　　　　④ 분류식

🔎**해설** 기관오일의 여과방식에는 분류식, 샨트식, 전류식이 있다.

37 기관에 사용하는 오일 여과기의 적절한 교환시기로 맞는 것은?

① 윤활유 1회 교환 시 2회 교환한다.
② 윤활유 1회 교환 시 1회 교환한다.
③ 윤활유 2회 교환 시 1회 교환한다.
④ 윤활유 3회 교환 시 1회 교환한다.

🔎**해설** 오일 여과기는 윤활유를 1회 교환할 때 함께 교환한다.

38 디젤기관의 엔진오일 압력이 규정 이상으로 높아질 수 있는 원인은?

① 엔진오일에 연료가 희석되었다.
② 엔진오일의 점도가 지나치게 낮다.
③ 엔진오일의 점도가 지나치게 높다.
④ 기관의 회전속도가 낮다.

🔎**해설** 오일의 점도가 높으면 오일 압력이 높아진다.

39 엔진 오일량 점검에서 오일 게이지에 상한선(Full)과 하한선(Low)표시가 되어 있을 때 가장 적합한 것은?

① Low 표시에 있어야 한다.
② Low와 Full 표시 사이에서 Low에 가까이 있으면 좋다.
③ Low와 Full 표시 사이에서 Full에 가까이 있으면 좋다.
④ Full 표시 이상이 되어야 한다.

🔎**해설** 유면표시기를 빼어 오일이 묻은 부분이 "F(Full)"와 "L(Low)"선의 중간 이상에 있으면 된다.

40 기관의 윤활유 소모가 많아질 수 있는 원인으로 옳은 것은?

① 비산과 압력

② 비산과 희석

③ 연소와 누설

④ 희석과 혼합

◎해설 윤활유의 소비가 증대되는 2가지 원인은 연소와 누설이다.

41 엔진에서 오일의 온도가 상승되는 원인이 아닌 것은?

① 과부하 상태에서 연속작업

② 오일냉각기의 불량

③ 오일의 점도가 부적당할 때

④ 유량의 과다

◎해설 오일의 온도가 상승하는 원인으로는 과부하 상태에서 연속작업, 오일냉각기의 불량, 오일의 점도가 부적당할 때, 기관 오일량의 부족 등이 있다.

42 작동 중인 엔진의 엔진오일에 가장 많이 포함된 이물질은?

① 유입먼지　② 금속분말

③ 산화물　④ 카본

◎해설 엔진오일에 가장 많이 포함된 이물질은 카본이다.

43 디젤기관에 사용되는 연료의 구비조건으로 옳은 것은?

① 점도가 높고 약간의 수분이 섞여 있을 것

② 황의 함유량이 클 것

③ 착화점이 높을 것

④ 발열량이 클 것

◎해설 연료의 구비조건에는 점도가 알맞고 수분이 섞여 있지 않을 것, 황(S)의 함유량이 적을 것, 착화점이 낮을 것, 발열량이 클 것 등이 있다.

44 연료의 세탄가와 가장 밀접한 관련이 있는 것은?

① 열효율　② 폭발압력

③ 착화성　④ 인화성

◎해설 연료의 세탄가란 착화성을 표시하는 수치이다.

45 연료취급에 관한 설명으로 가장 거리가 먼 것은?

① 연료주입 시 물이나 먼지 등의 불순물이 혼합되지 않도록 주의한다.

② 연료주입은 운전 중에 하는 것이 효과적이다.

③ 정기적으로 드레인콕을 열어 연료탱크 내의 수분을 제거한다.

④ 연료를 취급할 때에는 화기에 주의한다.

◎해설 연료주입은 작업을 마친 후에 하는 것이 효과적이다.

46 착화지연기간이 길어져 실린더 내에 연소 및 압력상승이 급격하게 일어나는 현상은?

① 디젤 노크

② 조기점화

③ 정상연소

④ 가솔린 노크

◎해설 디젤노크는 착화지연 기간이 길어져 실린더 내의 연소 및 압력상승이 급격하게 일어나는 현상이다.

47 디젤기관의 노킹발생 원인과 가장 거리가 먼 것은?

① 착화지연기간 중 연료분사량이 많다.
② 분사노즐의 분무상태가 불량하다.
③ 세탄가가 높은 연료를 사용하였다.
④ 기관이 과도하게 냉각되어 있다.

> **해설** 디젤기관 노킹발생의 원인
> • 연료의 세탄가와 분사압력이 낮을 때
> • 착화지연기간 중 연료분사량이 많을 때
> • 연소실의 온도가 낮고 착화지연시간이 길 때
> • 압축비가 낮고, 기관이 과냉되었을 때
> • 분사노즐의 분무상태가 불량할 때

48 디젤기관의 노크방지방법으로 틀린 것은?

① 세탄가가 높은 연료를 사용한다.
② 압축비를 높게 한다.
③ 흡기압력을 높게 한다.
④ 실린더 벽의 온도를 낮춘다.

> **해설** 디젤기관의 노크방지방법
> • 연료의 착화점이 낮은 것(착화성이 좋은)을 사용할 것
> • 세탄가가 높은 연료를 사용할 것
> • 흡기압력과 온도, 실린더(연소실) 벽의 온도를 높일 것
> • 압축비 및 압축압력과 온도를 높일 것
> • 착화지연기간을 짧게 할 것

49 디젤기관 연료장치의 구성부품이 아닌 것은?

① 예열플러그
② 분사노즐
③ 연료여과기
④ 연료공급펌프

> **해설** 예열플러그는 디젤기관의 시동보조 장치이다.

50 건설기계 작업 후 탱크에 연료를 가득 채워주는 이유와 가장 관련이 적은 것은?

① 다음의 작업을 준비하기 위해서
② 연료의 기포방지를 위해서
③ 연료탱크에 수분이 생기는 것을 방지하기 위해서
④ 연료의 압력을 높이기 위해서

> **해설** 작업 후 탱크에 연료를 가득 채워주는 이유
> • 다음의 작업을 준비하기 위해
> • 연료의 기포방지를 위해
> • 연료탱크 내의 공기 중의 수분이 응축되어 물이 생기는 것을 방지하기 위해

51 디젤기관 연료여과기에 설치된 오버플로 밸브(over flow valve)의 기능이 아닌 것은?

① 여과기 각 부분 보호
② 연료공급펌프 소음발생 억제
③ 운전 중 공기배출 작용
④ 인젝터의 연료분사시기 제어

> **해설** 오버플로밸브의 기능은 운전 중 연료계통의 공기배출, 연료공급펌프의 소음발생 방지, 연료여과기 엘리먼트 보호, 연료압력의 지나친 상승 방지이다.

52 연료탱크의 연료를 분사펌프 저압부까지 공급하는 것은?

① 연료공급펌프
② 연료분사펌프
③ 인젝션펌프
④ 로터리펌프

> **해설** 연료공급펌프는 연료탱크 내의 연료를 연료여과기를 거쳐 분사펌프의 저압부분으로 공급한다.

53 디젤기관 연료장치의 분사펌프에서 프라이밍 펌프의 사용 시기는?

① 출력을 증가시키고자 할 때
② 연료계통의 공기배출을 할 때
③ 연료의 양을 가감할 때
④ 연료의 분사압력을 측정할 때

◉ 해설 프라이밍 펌프는 연료공급펌프에 설치되어 있으며, 분사펌프로 연료를 보내거나 연료계통의 공기를 배출할 때 사용한다.

54 디젤기관 연료라인에 공기빼기를 하여야 하는 경우가 아닌 것은?

① 예열이 안 되어 예열플러그를 교체한 경우
② 연료호스나 파이프 등을 교체한 경우
③ 연료탱크 내의 연료가 결핍되어 보충한 경우
④ 연료필터를 교체하거나 분사펌프를 탈부착한 경우

55 디젤기관에서 연료장치 공기빼기 순서로 옳은 것은?

① 연료공급펌프 → 연료여과기 → 분사펌프
② 연료공급펌프 → 분사펌프 → 연료여과기
③ 연료여과기 → 연료공급펌프 → 분사펌프
④ 연료여과기 → 분사펌프 → 연료공급펌프

◉ 해설 연료장치 공기빼기 순서는 연료공급펌프 → 연료여과기 → 분사펌프이다.

56 디젤기관에 공급하는 연료의 압력을 높이는 것으로 조속기와 분사시기를 조절하는 장치가 설치되어 있는 것은?

① 유압펌프
② 프라이밍펌프
③ 연료분사펌프
④ 플런저펌프

◉ 해설 연료분사펌프는 연료를 압축하여 분사순서에 맞추어 노즐로 압송시키는 것으로 조속기(연료분사량 조정)와 분사시기를 조절하는 장치(타이머)가 설치되어 있다.

57 디젤기관 인젝션 펌프에서 딜리버리 밸브의 기능으로 틀린 것은?

① 역류 방지   ② 후적 방지
③ 잔압 유지   ④ 유량 조정

◉ 해설 딜리버리 밸브는 연료의 역류(분사노즐에서 펌프로의 흐름)를 방지하고, 분사노즐의 후적을 방지하며, 잔압을 유지시킨다.

58 기관의 부하에 따라 자동적으로 연료분사량을 가감하여 최고 회전속도를 제어하는 것은?

① 타이머   ② 캠축
③ 조속기   ④ 밸브

◉ 해설 조속기(거버너)는 분사펌프에 설치되어 있으며 기관의 부하에 따라 자동적으로 연료분사량을 가감하여 최고 회전속도를 제어한다.

59 디젤기관에서 회전속도에 따라 연료의 분사시기를 조절하는 장치는?

① 과급기   ② 타이머
③ 기화기   ④ 조속기

◉ 해설 타이머는 기관의 회전속도에 따라 자동적으로 분사시기를 조정하여 운전을 안정되게 한다.

60 디젤기관에서 분사펌프로부터 보내진 고압의 연료를 미세한 안개모양으로 연소실에 분사하는 부품은?

① 커먼레일　　② 분사노즐
③ 분사펌프　　④ 공급펌프

⊕해설 분사노즐은 분사펌프에 보내준 고압의 연료를 연소실에 안개모양으로 분사하는 부품이다.

61 디젤기관 분사노즐의 연료분사 3대 요건이 아닌 것은?

① 무화　　　② 관통력
③ 착화　　　④ 분포

⊕해설 연료분사의 3대 요소는 무화(안개화), 분포(분산), 관통력이다.

62 분사노즐 시험기로 점검할 수 있는 것은?

① 분사개시 압력과 분사속도를 점검할 수 있다.
② 분포상태와 플런저의 성능을 점검할 수 있다.
③ 분사개시 압력과 후적을 점검할 수 있다.
④ 분포상태와 분사량을 점검할 수 있다.

⊕해설 노즐테스터로 점검할 수 있는 항목은 분포(분무)상태, 분사각도, 후적 유무, 분사개시 압력이다.

63 커먼레일 디젤엔진의 연료장치 구성부품이 아닌 것은?

① 커먼레일
② 고압연료펌프
③ 분사펌프
④ 인젝터

⊕해설 커먼레일 디젤엔진의 연료공급 경로는 연료탱크 → 연료여과기 → 저압연료펌프 → 고압연료펌프 → 커먼레일 → 인젝터 순서이다.

64 커먼레일 디젤기관의 압력제한밸브에 대한 설명 중 틀린 것은?

① 연료압력이 높으면 연료의 일부분이 연료탱크로 되돌아간다.
② 커먼레일과 같은 라인에 설치되어 있다.
③ 기계식 밸브가 많이 사용된다.
④ 운전조건에 따라 커먼레일의 압력을 제어한다.

⊕해설 압력제한밸브는 커먼레일에 설치되어 커먼레일 내의 연료압력이 규정 값보다 높아지면 열려 연료의 일부를 연료탱크로 복귀시킨다.

65 인젝터의 점검항목이 아닌 것은?

① 저항　　　② 작동온도
③ 연료분사량　④ 작동음

⊕해설 인젝터의 점검항목은 저항, 연료분사량, 작동음이다.

66 커먼레일 디젤기관의 전자제어 계통에서 입력요소가 아닌 것은?

① 연료온도센서
② 연료압력센서
③ 연료압력 제한밸브
④ 축전지 전압

⊕해설 연료압력 제한밸브는 커먼레일 내의 연료압력이 규정 값보다 높아지면 ECU(컴퓨터)의 신호로 열려 연료압력을 규정 값으로 유지시키는 출력요소이다.

67 커먼레일 디젤기관의 연료압력센서(RPS)에 대한 설명 중 맞지 않는 것은?

① RPS의 신호를 받아 연료분사량을 조정하는 신호로 사용한다.
② RPS의 신호를 받아 연료 분사시기를 조정하는 신호로 사용한다.
③ 반도체 피에조 소자방식이다.
④ 이 센서가 고장이면 시동이 꺼진다.

⊙해설 연료압력센서(RPS)에서 고장이 발생하면 림프 홈 모드(페일 세이프)로 진입하여 연료압력을 400bar로 고정시킨다.

68 커먼레일 디젤기관의 공기유량센서(AFS)에 대한 설명 중 맞지 않는 것은?

① EGR 피드백제어 기능을 주로 한다.
② 열막 방식을 사용한다.
③ 연료량 제어기능을 주로 한다.
④ 스모그 제한 부스터 압력제어용으로 사용한다.

⊙해설 공기유량센서는 열막 방식을 사용한다. 주요 기능은 EGR(배기가스 재순환) 피드백제어이며, 또 다른 기능은 스모그 제한 부스트 압력제어(매연 발생을 감소시키는 제어)이다.

69 커먼레일 디젤기관의 흡기온도센서(ATS)에 대한 설명으로 틀린 것은?

① 주로 냉각팬 제어신호로 사용된다.
② 연료량 제어보정 신호로 사용된다.
③ 분사시기 제어보정 신호로 사용된다.
④ 부특성 서미스터이다.

⊙해설 흡기온도센서는 부특성 서미스터를 이용하며, 분사시기와 연료분사량 제어보정 신호로 사용된다.

70 전자제어 디젤엔진의 회전을 감지하여 분사순서와 분사시기를 결정하는 센서는?

① 가속페달 센서
② 냉각수 온도 센서
③ 엔진오일 온도센서
④ 크랭크축 위치센서

⊙해설 크랭크축 위치센서(CPS, CKP)는 크랭크축과 일체로 되어 있는 센서 휠의 돌기를 검출하여 크랭크축의 각도 및 피스톤의 위치, 기관 회전속도 등을 검출한다.

71 커먼레일 디젤기관의 가속페달 포지션 센서에 대한 설명 중 옳지 않은 것은?

① 가속페달 포지션 센서는 운전자의 의지를 전달하는 센서이다.
② 가속페달 포지션 센서 1은 연료량과 분사시기를 결정한다.
③ 가속페달 포지션 센서 2는 센서 1을 검사하는 센서이다.
④ 가속페달 포지션 센서 3은 연료온도에 따른 연료량 보정신호를 한다.

⊙해설 가속페달 위치센서는 운전자의 의지를 ECU(컴퓨터)로 전달하는 센서이며, 센서 1에 의해 연료분사량과 분사시기가 결정되며, 센서 2는 센서 1을 감시하는 기능으로 차량의 급출발을 방지하기 위한 것이다.

72 커먼레일 디젤기관의 연료장치에서 출력요소는?

① 공기유량센서
② 인젝터
③ 엔진 ECU
④ 브레이크 스위치

⊙해설 인젝터는 ECU(컴퓨터)의 신호에 의해 연료를 분사하는 출력요소이다.

73 기관의 운전 상태를 감시하고 고장진단 할 수 있는 기능은?

① 윤활기능　　② 제동기능
③ 조향기능　　④ 자기진단기능

🔎**해설** 자기진단기능은 기관의 운전 상태를 감시하고 고장진단 할 수 있는 기능이다.

74 흡기장치의 요구조건으로 틀린 것은?

① 전체 회전영역에 걸쳐서 흡입효율이 좋아야 한다.
② 균일한 분배성능을 가져야 한다.
③ 흡입부에 와류가 발생할 수 있는 돌출부를 설치해야 한다.
④ 연소속도를 빠르게 해야 한다.

🔎**해설** 공기흡입 부분에는 돌출부가 없어야 한다.

75 기관에서 공기청정기의 설치목적으로 옳은 것은?

① 연료의 여과와 가압작용
② 공기의 가압작용
③ 공기의 여과와 소음방지
④ 연료의 여과와 소음방지

🔎**해설** 공기청정기는 흡입공기의 먼지 등을 여과하는 작용 이외에 흡기소음을 감소시킨다.

76 건식 공기청정기의 장점이 아닌 것은?

① 설치 또는 분해·조립이 간단하다.
② 작은 입자의 먼지나 오물을 여과할 수 있다.
③ 구조가 간단하고 여과망을 세척하여 사용할 수 있다.
④ 기관 회전속도의 변동에도 안정된 공기청정효율을 얻을 수 있다.

🔎**해설** 건식 공기청정기의 여과망(엘리먼트)은 압축공기로 청소하여 사용할 수 있다.

77 건식 공기청정기 세척방법으로 가장 적합한 것은?

① 압축공기로 안에서 밖으로 불어낸다.
② 압축공기로 밖에서 안으로 불어낸다.
③ 압축오일로 안에서 밖으로 불어낸다.
④ 압축오일로 밖에서 안으로 불어낸다.

🔎**해설** 건식 공기청정기는 정기적으로 엘리먼트를 빼내어 압축공기로 안쪽에서 바깥쪽으로 불어내어 청소하여야 한다.

78 공기청정기의 종류 중 특히 먼지가 많은 지역에 적합한 공기청정기는?

① 건식　　② 습식
③ 유조식　④ 복합식

🔎**해설** 유조식 공기청정기는 여과효율이 낮으나 보수 관리비용이 싸고 엘리먼트의 파손이 적으며, 영구적으로 사용할 수 있어 먼지가 많은 지역에 적합하다.

79 흡입공기를 선회시켜 엘리먼트 이전에서 이물질이 제거되게 하는 에어클리너 방식은?

① 습식　　　② 원심 분리식
③ 건식　　　④ 비스키무수식

🔎**해설** 원심분리식 에어클리너는 흡입공기를 선회시켜 엘리먼트 이전에서 이물질을 제거한다.

80 기관에서 배기상태가 불량하여 배압이 높을 때 발생하는 현상과 관련 없는 것은?

① 기관이 과열된다.
② 피스톤의 운동을 방해한다.
③ 기관의 출력이 감소된다.
④ 냉각수 온도가 내려간다.

🔎**해설** 배압이 높으면 기관이 과열하므로 냉각수 온도가 올라가고, 피스톤의 운동을 방해하므로 기관의 출력이 감소된다.

81 연소 시 발생하는 질소산화물(NOx)의 발생 원인과 가장 밀접한 관계가 있는 것은?

① 높은 연소온도　② 가속불량
③ 흡입공기 부족　④ 소염 경계층

⊙해설 질소산화물(Nox)의 발생 원인은 높은 연소온도 때문이다.

82 국내에서 디젤기관에 규제하는 배출 가스는?

① 탄화수소
② 공기과잉율(λ)
③ 일산화탄소
④ 매연

⊙해설 디젤기관에 규제하는 배출 가스는 매연이다.

83 과급기를 부착하였을 때의 이점으로 틀린 것은?

① 고지대에서도 출력의 감소가 적다.
② 회전력이 증가한다.
③ 기관출력이 향상된다.
④ 압축온도의 상승으로 착화지연시간이 길어진다.

⊙해설 과급기를 부착하면 연소상태가 좋아지므로 압축온도 상승에 따라 착화지연기간이 짧아진다.

84 터보차저를 구동하는 것으로 가장 적합한 것은?

① 엔진의 열
② 엔진의 배기가스
③ 엔진의 흡입가스
④ 엔진의 여유동력

⊙해설 터보차저는 엔진의 배기가스에 의해 구동된다.

85 디젤기관에서 급기온도를 낮추어 배출가스를 저감시키는 장치는?

① 인터쿨러(inter cooler)
② 라디에이터(radiator)
③ 쿨링팬(cooling fan)
④ 유닛 인젝터(unit injector)

⊙해설 인터쿨러는 터보차저에 나오는 흡입공기의 온도를 낮춰 배출가스를 저감시키는 장치이다.

86 기관의 온도를 측정하기 위해 냉각수의 온도를 측정하는 곳으로 가장 적절한 곳은?

① 실린더 헤드 물재킷 부분
② 엔진 크랭크케이스 내부
③ 라디에이터 하부
④ 수온조절기 내부

⊙해설 기관의 냉각수 온도는 실린더 헤드 물재킷 부분의 온도로 나타내며, 75~95℃ 정도면 정상이다.

87 엔진과열 시 일어나는 현상이 아닌 것은?

① 각 작동부분이 열팽창으로 고착될 수 있다.
② 윤활유 점도저하로 유막이 파괴될 수 있다.
③ 금속이 빨리 산화되고 변형되기 쉽다.
④ 연료소비율이 줄고, 효율이 향상된다.

⊙해설 엔진이 과열하면 금속이 빨리 산화되고 변형되기 쉽고, 윤활유의 점도저하로 유막이 파괴될 수 있으며, 각 작동부분이 열팽창으로 고착될 우려가 있다.

88 기관 내부의 연소를 통해 일어나는 열에너지가 기계적 에너지로 바뀌면서 뜨거워진 기관을 물로 냉각하는 방식으로 옳은 것은?

① 수랭식　　② 공랭식
③ 유냉식　　④ 가스순환식

해설 수랭식은 냉각수를 이용하여 기관 내부를 냉각시킨다.

89 디젤기관의 냉각장치 방식에 속하지 않는 것은?

① 강제 순환방식
② 압력 순환방식
③ 진공 순환방식
④ 자연 순환방식

해설 냉각장치 방식에는 자연 순환방식, 강제 순환방식, 압력 순환방식, 밀봉 압력방식이 있다.

90 가압식 라디에이터의 장점으로 틀린 것은?

① 방열기를 적게 할 수 있다.
② 냉각수의 비등점을 높일 수 있다.
③ 냉각수의 순환속도가 빠르다.
④ 냉각장치의 효율을 높일 수 있다.

해설 가압식 라디에이터는 방열기를 적게 할 수 있고 냉각장치의 효율을 높일 수 있으며, 냉각수의 비등점을 높일 수 있다.

91 기관에서 워터 펌프에 대한 설명으로 틀린 것은?

① 주로 원심펌프를 사용한다.
② 구동은 벨트를 통하여 크랭크축에 의해서 구동된다.
③ 냉각수에 압력을 가하면 물 펌프의 효율은 증대된다.
④ 펌프효율은 냉각수 온도에 비례한다.

해설 워터펌프(물 펌프)의 능력은 송수량으로 표시하며, 펌프의 효율은 냉각수 온도에 반비례하고 압력에 비례한다. 따라서 냉각수에 압력을 가하면 물 펌프의 효율이 증대된다.

92 기관의 냉각 팬이 회전할 때 공기가 향하는 방향은?

① 회전 방향
② 방열기 방향
③ 하부 방향
④ 상부 방향

해설 냉각 팬이 회전할 때 공기가 향하는 방향은 방열기 방향이다.

93 냉각장치에 사용되는 전동 팬에 대한 설명으로 틀린 것은?

① 냉각수 온도에 따라 작동한다.
② 정상온도 이하에서는 작동하지 않고 과열일 때 작동한다.
③ 엔진이 시동되면 동시에 회전한다.
④ 팬벨트가 필요 없다.

해설 전동 팬은 전동기로 구동하므로 팬벨트가 필요 없으며, 엔진의 시동여부에 관계없이 냉각수 온도에 따라 작동한다. 즉, 정상온도 이하에서는 작동하지 않고 과열일 때 작동한다.

94 다음 중 팬벨트와 연결되지 않는 것은?

① 발전기 풀리
② 기관 오일펌프 풀리
③ 워터펌프 풀리
④ 크랭크축 풀리

⊙해설 팬벨트는 크랭크축 풀리, 발전기 풀리, 워터펌프 풀리와 연결된다.

95 팬벨트에 대한 점검과정으로 가장 적합하지 않은 것은?

① 팬벨트는 눌러(약 10kgf) 처짐이 13~20mm 정도로 한다.
② 팬벨트는 풀리의 밑 부분에 접촉되어야 한다.
③ 팬벨트 조정은 발전기를 움직이면서 조정한다.
④ 팬벨트가 너무 헐거우면 기관 과열의 원인이 된다.

⊙해설 팬벨트는 풀리의 양쪽 경사진 부분에 접촉되어야 미끄러지지 않는다.

96 기관에서 팬벨트 및 발전기 벨트의 장력이 너무 강할 경우에 발생될 수 있는 현상은?

① 발전기 베어링이 손상될 수 있다.
② 기관의 밸브장치가 손상될 수 있다.
③ 충전부족 현상이 생긴다.
④ 기관이 과열된다.

⊙해설 팬벨트의 장력이 너무 강하면(팽팽하면) 발전기 베어링이 손상되기 쉽다.

97 라디에이터(Radiator)에 대한 설명으로 틀린 것은?

① 라디에이터 재료 대부분은 알루미늄 합금이 사용된다.
② 단위면적당 방열량이 커야 한다.
③ 냉각효율을 높이기 위해 방열 핀이 설치된다.
④ 공기흐름 저항이 커야 냉각효율이 높다.

⊙해설 라디에이터 재료는 알루미늄 합금이며 냉각효율을 높이기 위해 방열 핀(냉각핀)이 설치된다. 공기 흐름저항이 적어야 냉각효율이 높다.

98 사용하던 라디에이터와 신품 라디에이터의 냉각수 주입량을 비교했을 때 신품으로 교환해야 할 시점은?

① 10% 이상의 차이가 발생했을 때
② 20% 이상의 차이가 발생했을 때
③ 30% 이상의 차이가 발생했을 때
④ 40% 이상의 차이가 발생했을 때

⊙해설 신품과 사용품의 냉각수 주입량이 20% 이상 차이가 발생하면 라디에이터를 교환한다.

99 디젤기관 냉각장치에서 냉각수의 비등점을 높여주기 위해 설치된 부품은?

① 압력식 캡   ② 냉각핀
③ 보조탱크   ④ 코어

⊙해설 냉각장치 내의 비등점(비점)을 높이고, 냉각범위를 넓히기 위하여 압력식 캡을 사용한다.

100 압력식 라디에이터 캡에 대한 설명으로 옳은 것은?

① 냉각장치 내부압력이 규정보다 낮을 때 공기밸브는 열린다.
② 냉각장치 내부압력이 규정보다 높을 때 진공밸브는 열린다.
③ 냉각장치 내부압력이 부압이 되면 진공밸브는 열린다.
④ 냉각장치 내부압력이 부압이 되면 공기밸브는 열린다.

> **해설** 냉각장치 내부압력이 부압이 되면(내부압력이 규정보다 낮을 때) 진공밸브가 열리고, 냉각장치 내부압력이 규정보다 높으면 압력밸브가 열린다.

101 엔진의 온도를 항상 일정하게 유지하기 위하여 냉각계통에 설치되는 것은?

① 크랭크축 풀리
② 물 펌프 풀리
③ 수온조절기
④ 벨트 조절기

> **해설** 수온조절기(정온기)는 엔진의 온도를 항상 일정하게 유지하기 위하여 냉각계통에 설치되어 있다.

102 왁스 실에 왁스를 넣어 온도가 높아지면 팽창 축을 올려 열리는 온도조절기는?

① 벨로즈형　② 바이메탈형
③ 바이패스형　④ 펠릿형

> **해설** 펠릿형은 왁스 실에 왁스를 넣어 온도가 높아지면 팽창 축을 올려 열리는 형식이다.

103 기관에서 부동액으로 사용할 수 없는 것은?

① 메탄　② 에틸렌글리콜
③ 글리세린　④ 알코올

> **해설** 부동액의 종류에는 알코올(메탄올), 글리세린, 에틸렌글리콜이 있다.

104 냉각장치에서 냉각수가 줄어드는 원인과 정비방법으로 틀린 것은?

① 히터 혹은 라디에이터 호스 불량 – 수리 및 부품 교환
② 서머스타트 하우징 불량 – 개스킷 및 하우징 교체
③ 워터펌프 불량 – 조정
④ 라디에이터 캡 불량 – 부품 교환

> **해설** 워터펌프의 작동이 불량하면 신품으로 교환한다.

105 엔진과열의 원인으로 가장 거리가 먼 것은?

① 연료의 품질 불량
② 정온기가 닫혀서 고장
③ 냉각계통의 고장
④ 라디에이터 코어 불량

> **해설** 연료의 품질이 불량하면 연소가 불량해진다.

106 건설기계 작업 중 온도계가 "H" 위치에 근접되어 있다. 운전자가 취해야 할 조치로 가장 알맞은 것은?

① 작업을 계속해도 무방하다.
② 잠시 작업을 중단하고 휴식을 취한 후 다시 작업한다.
③ 윤활유를 즉시 보충하고 계속 작업한다.
④ 작업을 중단하고 냉각계통을 점검한다.

2 전기장치

01 전기가 이동하지 않고 물질에 정지하고 있는 전기는?

① 직류전기 　② 정전기

③ 교류전기 　④ 동전기

⊕**해설** 정전기란 전기가 이동하지 않고 물질에 정지하고 있는 전기이다.

02 전류의 3대 작용이 아닌 것은?

① 발열작용 　② 자기작용

③ 원심작용 　④ 화학작용

⊕**해설** 전류의 3대작용은 발열작용, 화학작용, 자기작용이다.

03 도체에도 물질 내부의 원자와 충돌하는 고유저항이 있는데 이 고유저항과 관련이 없는 것은?

① 물질의 모양

② 자유전자의 수

③ 원자핵의 구조 또는 온도

④ 물질의 색깔

⊕**해설** 물질의 고유저항은 재질·모양·자유전자의 수·원자핵의 구조 또는 온도에 따라서 변화한다.

04 전선의 저항에 대한 설명 중 옳은 것은?

① 전선이 길어지면 저항이 감소한다.

② 전선의 지름이 커지면 저항이 감소한다.

③ 모든 전선의 저항은 같다.

④ 전선의 저항은 전선의 단면적과 관계없다.

⊕**해설** 전선의 저항은 길이가 길어지면 증가하고, 지름 및 단면적이 커지면 감소한다.

05 회로 중의 어느 한 점에 있어서 그 점에 들어오는 전류의 총합과 나가는 전류의 총합은 서로 같다는 법칙은?

① 렌츠의 법칙

② 줄의 법칙

③ 키르히호프 제1법칙

④ 플레밍의 왼손법칙

⊕**해설 키르히호프 제1법칙**
회로 내의 어떤 한 점에 유입된 전류의 총합과 유출한 전류의 총합은 같다.

06 전압·전류 및 저항에 대한 설명으로 옳은 것은?

① 직렬회로에서 전류와 저항은 비례 관계이다.

② 직렬회로에서 분압된 전압의 합은 전원전압과 같다.

③ 직렬회로에서 전압과 전류는 반비례 관계이다.

④ 직렬회로에서 전압과 저항은 반비례 관계이다.

⊕**해설 직렬회로의 특징**
• 합성저항은 각 저항의 합과 같다.
• 어느 저항에서나 똑같은 전류가 흐른다.
• 전압이 나누어져 저항 속을 흐른다.
• 분압된 전압의 합은 전원전압과 같다.

07 전기장치에서 접촉저항이 발생하는 개소 중 가장 거리가 먼 것은?

① 배선 중간지점 　② 스위치 접점

③ 축전지 터미널 　④ 배선 커넥터

⊕**해설** 접촉저항은 스위치 접점, 배선의 커넥터, 축전지 단자(터미널) 등에서 발생하기 쉽다.

08 건설기계에서 사용되는 전기장치에서 과전류에 의한 화재예방을 위해 사용하는 부품으로 가장 적절한 것은?

① 콘덴서　　　　② 저항기
③ 퓨즈　　　　　④ 전파방지기

⊕해설 퓨즈는 전기장치에서 단락에 의해 전선이 타거나 과대전류가 부하에 흐르지 않도록 하는 부품, 즉 전기장치에서 과전류에 의한 화재예방을 위해 사용하는 부품이다.

09 전기장치 회로에 사용하는 퓨즈의 재질로 적합한 것은?

① 스틸 합금
② 알루미늄 합금
③ 구리 합금
④ 납과 주석합금

⊕해설 퓨즈의 재질은 납과 주석의 합금이다.

10 전기회로에서 퓨즈의 설치방법은?

① 직렬　　　　　② 직·병렬
③ 병렬　　　　　④ 상관없다

⊕해설 전기회로에서 퓨즈는 직렬로 설치한다.

11 건설기계의 전기회로의 보호 장치로 옳은 것은?

① 안전밸브　　　② 퓨저블 링크
③ 캠버　　　　　④ 턴 시그널 램프

⊕해설 퓨저블 링크(fusible link)는 전기회로를 보호하는 도체 크기의 작은 전선으로 회로에 삽입되어 있다.

12 P형 반도체와 N형 반도체를 마주대고 결합한 것은?

① 캐리어　　　　② 홀
③ 스위칭　　　　④ 다이오드

⊕해설 다이오드는 P형과 N형 반도체를 접합한 것으로 순방향 접속에서는 전류가 흐르고, 역방향 접속에서는 전류가 흐르지 못하는 특성이 있어 교류를 직류로 변화시키는 정류회로에서 사용한다.

13 빛을 받으면 전류가 흐르지만 빛이 없으면 전류가 흐르지 않는 전기소자는?

① 발광다이오드
② 포토다이오드
③ 제너다이오드
④ PN 접합다이오드

⊕해설 포토다이오드는 접합부분에 빛을 받으면 빛에 의해 자유전자가 되어 전자가 이동하며, 역방향으로 전기가 흐른다.

14 어떤 기준전압 이상이 되면 역방향으로 큰 전류가 흐르게 되는 반도체는?

① PNP형 트랜지스터
② NPN형 트랜지스터
③ 포토다이오드
④ 제너다이오드

⊕해설 제너다이오드는 어떤 전압 아래에서는 역방향으로도 전류가 흐르도록 설계된 것이다.

15 트랜지스터에 대한 일반적인 특성으로 틀린 것은?

① 고온·고전압에 강하다.
② 내부전압 강하가 적다.
③ 수명이 길다.
④ 소형·경량이다.

🔎 해설 반도체는 고온(150℃ 이상 되면 파손되기 쉽다)·고전압에 약하다.

16 그림과 같은 AND회로(논리적 회로)에 대한 설명으로 틀린 것은?

① 입력 A가 0이고 B가 0이면 출력 Q는 0이다.
② 입력 A가 1이고 B가 0이면 출력 Q는 1이다.
③ 입력 A가 0이고 B가 1이면 출력 Q는 0이다.
④ 입력 A가 1이고 B가 1이면 출력 Q는 1이다.

🔎 해설 입력 A가 1이고 B가 0이면 출력 Q는 0이다.

17 건설기계에 사용되는 전기장치 중 플레밍의 왼손법칙이 적용된 부품은?

① 발전기   ② 점화코일
③ 릴레이   ④ 기동전동기

🔎 해설 기동전동기는 플레밍의 왼손법칙을 이용한다.

18 직류직권 전동기에 대한 설명 중 틀린 것은?

① 기동회전력이 분권전동기에 비해 크다.
② 부하에 따른 회전속도의 변화가 크다.
③ 부하를 크게 하면 회전속도는 낮아진다.
④ 부하에 관계없이 회전속도가 일정하다.

🔎 해설 직류직권 전동기는 기동 회전력이 크다. 부하가 걸렸을 때에는 회전속도는 낮으나 회전력이 크다는 장점이 있으나 회전속도의 변화가 크다는 단점이 있다.

19 기동전동기의 기능으로 틀린 것은?

① 기관을 구동시킬 때 사용한다.
② 플라이휠의 링 기어에 기동전동기 피니언을 맞물려 크랭크축을 회전시킨다.
③ 축전지와 각부 전장품에 전기를 공급한다.
④ 기관의 시동이 완료되면 피니언을 링 기어로부터 분리시킨다.

🔎 해설 축전지와 각부 전장품에 전기를 공급하는 장치는 발전기이다.

20 기동전동기에서 토크를 발생하는 부분은?

① 계자코일
② 솔레노이드 스위치
③ 전기자 코일
④ 계철

🔎 해설 기동 전동기에서 토크가 발생하는 부분은 전기자 코일이다.

21 기동전동기에서 전기자 철심을 여러 층으로 겹쳐서 만드는 이유는?

① 자력선 감소
② 소형 경량화
③ 온도상승 촉진
④ 맴돌이 전류 감소

⊕해설 전기자 철심을 두께 0.35~1.0mm의 얇은 철판을 각각 절연하여 겹쳐 만든 이유는 자력선을 잘 통과시키고 맴돌이 전류를 감소시키기 위함이다.

22 기동전동기 전기자 코일에 항상 일정한 방향으로 전류가 흐르도록 하기 위해 설치한 것은?

① 정류자
② 로터
③ 슬립링
④ 다이오드

⊕해설 정류자는 전기자 코일에 항상 일정한 방향으로 전류가 흐르도록 하는 작용을 한다.

23 기동전동기의 전기자 축으로부터 피니언으로는 동력이 전달되나 피니언으로부터 전기자 축으로는 동력이 전달되지 않도록 해주는 장치는?

① 오버헤드 가드
② 솔레노이드 스위치
③ 오버러닝 클러치
④ 시프트 칼라

⊕해설 오버러닝 클러치는 기동전동기의 전기자 축으로부터 피니언으로는 동력이 전달되나 피니언으로부터 전기자 축으로는 동력이 전달되지 않도록 해주는 장치이다.

24 기동전동기 구성부품 중 자력선을 형성하는 것은?

① 전기자
② 계자코일
③ 슬립링
④ 브러시

⊕해설 계자코일에 전기가 흐르면 계자철심은 전자석이 되며, 자력선을 형성한다.

25 기동전동기에서 마그네틱 스위치는?

① 전자석 스위치
② 전류조절기
③ 전압조절기
④ 저항조절기

⊕해설 마그네틱 스위치는 솔레노이드 스위치라고도 부르며 기동전동기의 전자석 스위치이다.

26 기동전동기의 동력전달 기구를 동력전달 방식으로 구분한 것이 아닌 것은?

① 벤딕스 방식
② 피니언 섭동방식
③ 계자섭동 방식
④ 전기자 섭동방식

⊕해설 기동전동기의 피니언을 엔진의 플라이휠 링 기어에 물리는 방식(동력전달방식)에는 벤딕스 방식, 피니언 섭동방식, 전기자 섭동방식 등이 있다.

27 기관에 사용되는 기동전동기가 회전이 안 되거나 회전력이 약한 원인이 아닌 것은?

① 시동스위치의 접촉이 불량하다.
② 배터리 단자와 케이블의 접촉이 불량하다.
③ 브러시가 정류자에 잘 밀착되어 있다.
④ 축전지 전압이 낮다.

⊕해설 브러시와 정류자의 밀착이 불량하면 기동전동기가 회전이 안 되거나 회전력이 약해진다.

28 시동스위치를 시동(ST)위치로 했을 때 솔레노이드 스위치는 작동되나 기동전동기는 작동되지 않는 원인으로 틀린 것은?

① 축전지 방전으로 전류용량 부족
② 시동스위치 불량
③ 엔진 내부 피스톤 고착
④ 기동전동기 브러시 손상

⊕ 해설 시동스위치를 시동위치로 했을 때 솔레노이드 스위치는 작동되나 기동전동기가 작동되지 않는 원인은 축전지 용량의 과다방전, 엔진내부 피스톤 고착, 전기자 코일 또는 계자 코일의 개회로(단선) 등이다.

29 기동전동기의 시험과 관계없는 것은?

① 부하 시험   ② 무부하 시험
③ 관성 시험   ④ 저항 시험

⊕ 해설 기동 전동기의 시험 항목에는 회전력(부하) 시험, 무부하 시험, 저항 시험 등이 있다.

30 예열장치의 설치목적으로 옳은 것은?

① 냉간시동 시 시동을 원활히 하기 위함이다.
② 연료를 압축하여 분무성을 향상시키기 위함이다.
③ 연료분사량을 조절하기 위함이다.
④ 냉각수의 온도를 조절하기 위함이다.

⊕ 해설 예열장치는 한랭한 상태에서 디젤기관을 시동할 때 기관에 흡입된 공기온도를 상승시켜 시동을 원활히 한다.

31 디젤엔진 연소실 내의 압축공기를 예열하는 실드형 예열플러그의 특징이 아닌 것은?

① 병렬로 연결되어 있다.
② 히트코일이 가는 열선으로 되어 있어 예열플러그 자체의 저항이 크다.
③ 발열량 및 열용량이 크다.
④ 흡입공기 속에 히트코일이 노출되어 있어 예열시간이 짧다.

⊕ 해설 실드형 예열플러그는 보호금속 튜브에 히트코일이 밀봉되어 있어 코일형보다 예열에 소요되는 시간이 길다.

32 6실린더 디젤기관의 병렬로 연결된 예열플러그 중 제3번 실린더의 예열플러그가 단선되었을 때 나타나는 현상으로 옳은 것은?

① 제2번과 제4번의 예열플러그도 작동이 안 된다.
② 제3번 실린더 예열플러그만 작동이 안 된다.
③ 축전지 용량의 배가 방전된다.
④ 예열플러그 전체가 작동이 안 된다.

⊕ 해설 병렬로 연결된 예열플러그가 단선되면 단선된 것만 작동을 하지 못한다.

33 디젤기관의 전기가열방식 예열장치에서 예열진행의 3단계로 틀린 것은?

① 프리글로   ② 스타트 글로
③ 포스트 글로   ④ 컷 글로

⊕ 해설 디젤기관의 전기가열방식 예열장치에서 예열진행의 3단계는 프리글로(pre glow), 스타트 글로(start glow), 포스트 글로(post glow)이다.

34 디젤기관에서 예열플러그가 단선되는 원인으로 틀린 것은?

① 너무 짧은 예열시간
② 규정이상의 과대전류 흐름
③ 기관의 과열상태에서 잦은 예열
④ 예열플러그 설치할 때 조임 불량

🔘 해설 예열플러그의 예열시간이 너무 길면 단선된다.

35 예열플러그를 빼서 보았더니 심하게 오염되어 있을 때의 원인으로 옳은 것은?

① 불완전 연소 또는 노킹
② 기관의 과열
③ 예열 플러그의 용량과다
④ 냉각수 부족

🔘 해설 예열플러그가 심하게 오염되는 경우는 불완전 연소 또는 노킹이 발생하였기 때문이다.

36 글로플러그를 설치하지 않아도 되는 연소실은? (단, 전자제어 커먼레일은 제외)

① 직접분사실식 ② 와류실식
③ 공기실식 ④ 예연소실식

🔘 해설 직접분사실식에서는 시동보조 장치로 흡기 다기관에 흡기가열장치(흡기히터나 히트레인지)를 설치한다.

37 납산축전지에 관한 설명으로 틀린 것은?

① 기관시동 시 전기적 에너지를 화학적 에너지로 바꾸어 공급한다.
② 기관시동 시 화학적 에너지를 전기적 에너지로 바꾸어 공급한다.
③ 전압은 셀의 개수와 셀 1개당의 전압으로 결정된다.
④ 음극판이 양극판보다 1장 더 많다.

🔘 해설 축전지는 화학작용을 이용하며 기관을 시동할 때 화학적 에너지를 전기적 에너지로 바꾸어 공급한다.

38 축전지의 구비조건으로 가장 거리가 먼 것은?

① 축전지의 용량이 클 것
② 전기적 절연이 완전할 것
③ 가급적 크고, 다루기 쉬울 것
④ 전해액의 누출방지가 완전할 것

🔘 해설 축전지는 소형·경량이고 수명이 길며 다루기 쉬워야 한다.

39 축전지의 역할을 설명한 것으로 틀린 것은?

① 기동장치의 전기적 부하를 담당한다.
② 발전기 출력과 부하와의 언밸런스를 조정한다.
③ 기관시동 시 전기적 에너지를 화학적 에너지로 바꾼다.
④ 발전기 고장 시 주행을 확보하기 위한 전원으로 작동한다.

🔘 해설 **축전지의 역할**
• 기동장치의 전기적 부하 담당(가장 중요한 기능)
• 발전기 출력과 부하와의 언밸런스 조정
• 발전기가 고장 났을 때 주행을 확보하기 위한 전원으로 작동

40 건설기계에 사용되는 12V 납산축전지의 구성은?

① 셀(cell) 3개를 병렬로 접속
② 셀(cell) 3개를 직렬로 접속
③ 셀(cell) 6개를 병렬로 접속
④ 셀(cell) 6개를 직렬로 접속

⊙해설 12V 축전지는 2.1V의 셀(cell) 6개를 직렬로 접속한 것이다.

41 축전지 격리판의 구비조건으로 틀린 것은?

① 전도성이 좋으며 전해액의 확산이 잘 될 것
② 다공성이고 전해액에 부식되지 않을 것
③ 극판에 좋지 않은 물질을 내뿜지 않을 것
④ 기계적 강도가 있을 것

⊙해설 격리판은 비전도성이 좋으며 전해액의 확산이 잘되어야 한다.

42 축전지의 케이스와 커버를 청소할 때 사용하는 용액으로 가장 옳은 것은?

① 비누와 물
② 소금과 물
③ 소다와 물
④ 오일과 가솔린

⊙해설 축전지 커버나 케이스의 청소는 소다와 물 또는 암모니아수를 사용한다.

43 납산축전지의 전해액으로 알맞은 것은?

① 순수한 물
② 과산화납
③ 해면상납
④ 묽은 황산

⊙해설 납산축전지 전해액은 증류수에 황산을 혼합한 묽은 황산이다.

44 전해액 충전 시 20°C일 때 비중으로 틀린 것은?

① 25% 충전 − 1.150~1.170
② 50% 충전 − 1.190~1.210
③ 75% 충전 − 1.220~1.260
④ 완전충전 − 1.260~1.280

⊙해설 75% 충전일 경우의 전해액 비중은 1.220~1.240이다.

45 납산축전지의 온도가 내려갈 때 발생되는 현상이 아닌 것은?

① 비중이 상승한다.
② 전류가 커진다.
③ 용량이 저하한다.
④ 전압이 저하한다.

⊙해설 축전지의 온도가 내려가면 비중은 상승하지만 용량과 전류 및 전압은 모두 저하된다.

46 배터리에서 셀 커넥터와 터미널의 설명이 아닌 것은?

① 셀 커넥터는 납 합금으로 되었다.

② 양극판이 음극판의 수보다 1장 더 적다.

③ 색깔로 구분되어 있는 것은 (−)가 적색으로 되어 있다.

④ 셀 커넥터는 배터리 내의 각각의 셀을 직렬로 연결하기 위한 것이다.

○해설 색깔로 구분되어 있는 것은 (+)가 적색으로 되어 있다.

47 납산축전지의 양극과 음극단자의 구별하는 방법으로 틀린 것은?

① 양극은 적색, 음극은 흑색이다.

② 양극 단자에 (+), 음극단자에는 (−)의 기호가 있다.

③ 양극 단자에 포지티브(positive), 음극단자에 네거티브(negative)라고 표기 되어 있다.

④ 양극단자의 직경이 음극단자의 직경보다 작다.

○해설 양극 단자의 지름이 굵다.

48 납산축전지를 교환 및 장착할 때 연결순서로 맞는 것은?

① 축전지의 (+)선을 먼저 부착하고, (−)선을 나중에 부착한다.

② 축전지의 (−)선을 먼저 부착하고, (+)선을 나중에 부착한다.

③ 축전지의 (+), (−)선을 동시에 부착한다.

④ (+)나 (−)선 중 편리한 것부터 연결하면 된다.

○해설 축전지를 장착할 때에는 (+)선을 먼저 부착하고, (−)선을 나중에 부착한다.

49 납산축전지의 충·방전 상태를 나타낸 것이 아닌 것은?

① 축전지가 방전되면 양극판은 과산화납이 황산납으로 된다.

② 축전지가 방전되면 전해액은 묽은 황산이 물로 변하여 비중이 낮아진다.

③ 축전지가 충전되면 양극판에서 수소를, 음극판에서 산소를 발생시킨다.

④ 축전지가 충전되면 음극판은 황산납이 해면상납으로 된다.

○해설 충전되면 양극판에서 산소를 음극판에서 수소를 발생시킨다.

50 납산축전지의 방전은 어느 한도 내에서 단자 전압이 급격히 저하하며 그 이후는 방전능력이 없어지게 된다. 이때의 전압을 무엇이라고 하는가?

① 충전전압 ② 방전종지전압

③ 방전전압 ④ 누전전압

○해설 방전종지전압이란 축전지의 방전은 어느 한도 내에서 단자 전압이 급격히 저하하며 그 이후는 방전능력이 없어지게 되는 전압이다.

51 12V용 납산축전지의 방전종지전압은?

① 12V ② 10.5V

③ 7.5V ④ 1.75V

○해설 축전지 셀 당 방전종지전압이 1.75V이므로 12V 축전지의 방전종지전압은 6×1.75V=10.5V이다.

52 건설기계에 사용되는 납산축전지의 용량 단위는?

① Ah
② PS
③ kW
④ kV

🔎 해설 축전지 용량의 단위는 암페어 시(Ah)이다.

53 납산축전지의 용량(전류)에 영향을 주는 요소로 틀린 것은?

① 극판의 수
② 극판의 크기
③ 전해액의 양
④ 냉간율

🔎 해설 납산축전지의 용량을 결정짓는 인자는 셀 당 극판 수, 극판의 크기, 전해액(황산)의 양이다.

54 납산축전지의 용량표시 방법이 아닌 것은?

① 25시간율
② 25암페어율
③ 20시간율
④ 냉간율

🔎 해설 축전지의 용량표시 방법에는 20시간율, 25암 페어율, 냉간율이 있다.

55 그림과 같이 12V용 축전지 2개를 사용하여 24V용 건설기계를 시동하고자 할 때 연결 방법으로 옳은 것은?

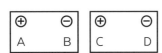

① B와 D
② A와 C
③ A와 B
④ B와 C

🔎 해설 직렬연결이란 전압과 용량이 동일한 축전지 2 개 이상을 (+)단자와 연결대상 축전지의 (−)단자에 서 로 연결하는 방식이다. 이때 전압은 축전지를 연결한 개수만큼 증가하나 용량은 1개일 때와 같다.

56 같은 용량, 같은 전압의 축전지를 병렬로 연결하였을 때 옳은 것은?

① 용량과 전압은 일정하다.
② 용량과 전압이 2배로 된다.
③ 용량은 한 개일 때와 같으나 전압은 2배로 된다.
④ 용량은 2배이고 전압은 한 개일 때와 같다.

🔎 해설 축전지의 병렬연결이란 같은 용량, 같은 전압 의 축전지 2개 이상을 (+)단자를 다른 축전지의 (+)단 자에, (−)단자는 (−)단자에 접속하는 방식이며, 용량은 연결한 개수만큼 증가하지만 전압은 1개일 때와 같다.

57 충전된 축전지라도 방치해두면 사용하지 않아도 조금씩 자연 방전하여 용량이 감소하는 현상은?

① 화학방전
② 자기방전
③ 강제방전
④ 급속방전

🔎 해설 자기방전이란 충전된 축전지라도 방치해두면 사용하지 않아도 조금씩 자연 방전하여 용량이 감소 하는 현상이다.

58 충전된 축전지를 방치 시 자기방전(self discharge)의 원인과 가장 거리가 먼 것은?

① 양극판 작용물질 입자가 축전지 내부에 단락으로 인한 방전
② 격리판이 설치되어 방전
③ 전해액 내에 포함된 불순물에 의해 방전
④ 음극판의 작용물질이 황산과 화학작용으로 방전

🔎 해설 **자기방전의 원인**
• 양극판 작용물질 입자가 축전지 내부에서 단락으로 인한 방전
• 전해액 내에 포함된 불순물에 의해 방전
• 음극판의 작용물질이 황산과 화학작용으로 방전

59 납산축전지의 소비된 전기에너지를 보충하기 위한 충전방법이 아닌 것은?

① 정전류 충전
② 급속충전
③ 정전압 충전
④ 초 충전

⊕해설 납산축전지의 충전방법에는 정전류 충전, 정전압 충전, 단별전류 충전, 급속충전 등이 있다.

60 납산축전지가 방전되어 급속충전을 할 때의 설명으로 틀린 것은?

① 충전 중 전해액의 온도가 45℃가 넘지 않도록 한다.
② 충전 중 가스가 많이 발생되면 충전을 중단한다.
③ 충전전류는 축전지 용량과 같게 한다.
④ 충전시간은 가능한 짧게 한다.

⊕해설 급속충전 할 때 충전전류는 축전지 용량의 50%로 한다.

61 납산축전지를 충전할 때 화기를 가까이 하면 위험한 이유는?

① 수소가스가 폭발성 가스이기 때문에
② 산소가스가 폭발성 가스이기 때문에
③ 수소가스가 조연성 가스이기 때문에
④ 산소가스가 인화성 가스이기 때문에

⊕해설 축전지 충전 중에 화기를 가까이 하면 위험한 이유는 발생하는 수소가스가 폭발하기 때문이다.

62 납산축전지 전해액이 자연 감소되었을 때 보충에 가장 적합한 것은?

① 증류수
② 황산
③ 수돗물
④ 경수

⊕해설 축전지 전해액이 자연 감소되었을 경우에는 증류수를 보충한다.

63 MF(Maintenance Free) 축전지에 대한 설명으로 적합하지 않은 것은?

① 격자의 재질은 납과 칼슘합금이다.
② 무보수용 배터리이다.
③ 밀봉 촉매마개를 사용한다.
④ 증류수는 매 15일마다 보충한다.

⊕해설 MF 축전지는 증류수를 점검 및 보충하지 않아도 된다.

64 시동키를 뽑은 상태로 주차했음에도 배터리에서 방전되는 전류를 뜻하는 것은?

① 충전전류
② 암 전류
③ 시동전류
④ 발전 전류

⊕해설 암 전류란 시동키를 뽑은 상태로 주차했음에도 배터리에서 방전되는 전류이다.

65 건설기계에 사용되는 전기장치 중 플레밍의 오른손 법칙이 적용되어 사용되는 부품은?

① 발전기
② 기동전동기
③ 릴레이
④ 점화코일

⊕해설 발전기의 원리는 플레밍의 오른손 법칙을 사용한다.

66 "유도기전력의 방향은 코일 내의 자속의 변화를 방해하려는 방향으로 발생한다."는 법칙은?

① 플레밍의 왼손 법칙
② 렌츠의 법칙
③ 플레밍의 오른손 법칙
④ 자기유도 법칙

⊙ 해설 렌츠의 법칙은 전자유도에 관한 법칙으로 "유도기전력의 방향은 코일 내의 자속의 변화를 방해하는 방향으로 발생된다."는 법칙이다.

67 충전장치의 개요에 대한 설명으로 틀린 것은?

① 건설기계의 전원을 공급하는 것은 발전기와 축전지이다.
② 발전량이 부하량보다 적을 경우에는 축전지가 전원으로 사용된다.
③ 축전지는 발전기가 충전시킨다.
④ 발전량이 부하량보다 많을 경우에는 축전지의 전원이 사용된다.

⊙ 해설 전장부품에 전원을 공급하는 장치는 축전지와 발전기이며, 축전지는 발전기가 충전시킨다. 또 발전기의 발전량이 부하량보다 적을 경우에는 축전지의 전원이 사용된다.

68 건설기계의 충전장치에서 가장 많이 사용하고 있는 발전기는?

① 단상 교류발전기
② 직류발전기
③ 3상 교류발전기
④ 와전류 발전기

⊙ 해설 건설기계에서는 주로 3상 교류발전기를 사용한다.

69 충전장치에서 발전기는 어떤 축과 연동되어 구동되는가?

① 크랭크축
② 캠축
③ 추진축
④ 변속기 입력축

⊙ 해설 발전기는 크랭크축에 의해 구동된다.

70 교류(AC)발전기의 특성이 아닌 것은?

① 저속에서도 충전성능이 우수하다.
② 소형·경량이고 출력도 크다.
③ 소모부품이 적고 내구성이 우수하며 고속회전에 견딘다.
④ 전압조정기, 전류조정기, 컷 아웃 릴레이로 구성된다.

⊙ 해설 교류발전기는 전압조정기만 있으면 된다.

71 교류발전기의 부품이 아닌 것은?

① 다이오드
② 슬립링
③ 전류조정기
④ 스테이터 코일

⊙ 해설 교류발전기는 스테이터, 로터, 다이오드, 슬립링과 브러시, 엔드 프레임, 전압조정기 등으로 되어 있다.

72 교류발전기의 유도전류는 어디에서 발생하는가?

① 스테이터   ② 전기자
③ 계자코일   ④ 로터

해설 교류 발전기의 유도전류는 스테이터에서 발생한다.

73 AC 발전기에서 전류가 흐를 때 전자석이 되는 것은?

① 계자철심
② 로터
③ 아마추어
④ 스테이터 철심

해설 교류발전기에서 로터(회전체)는 전류가 흐를 때 전자석이 되는 부분이다.

74 AC 발전기의 출력은 무엇을 변화시켜 조정하는가?

① 축전지 전압
② 발전기의 회전속도
③ 로터코일 전류
④ 스테이터 전류

해설 교류발전기의 출력은 로터코일 전류를 변화시켜 조정한다.

75 교류발전기의 다이오드가 하는 역할은?

① 전류를 조정하고, 교류를 정류한다.
② 전압을 조정하고, 교류를 정류한다.
③ 교류를 정류하고, 역류를 방지한다.
④ 여자전류를 조정하고, 역류를 방지한다.

해설 AC발전기 다이오드의 역할은 교류를 정류하고, 역류를 방지하는 것이다.

76 교류발전기에서 높은 전압으로부터 다이오드를 보호하는 구성품은 어느 것인가?

① 콘덴서   ② 계자코일
③ 정류기   ④ 로터

해설 콘덴서(condenser)는 교류발전기에서 높은 전압으로부터 다이오드를 보호한다.

77 교류발전기에 사용되는 반도체인 다이오드를 냉각하기 위한 것은?

① 냉각튜브
② 유체클러치
③ 히트싱크
④ 엔드프레임에 설치된 오일장치

해설 히트싱크(heat sink)는 다이오드를 설치하는 철판이며, 다이오드가 정류작용을 할 때 다이오드를 냉각시켜주는 작용을 한다.

78 충전장치에서 축전지 전압이 낮을 때의 원인으로 틀린 것은?

① 조정전압이 낮을 때
② 다이오드가 단락되었을 때
③ 축전지 케이블 접속이 불량할 때
④ 충전회로에 부하가 적을 때

◉해설 충전회로의 부하가 크면 충전 불량의 원인이 된다.

79 건설기계에 사용되는 계기의 장점으로 틀린 것은?

① 구조가 복잡할 것
② 소형이고 경량일 것
③ 지침을 읽기가 쉬울 것
④ 가격이 쌀 것

◉해설 계기는 구조가 간단하고, 소형·경량이며, 지침을 읽기 쉽고, 가격이 싸야 한다.

80 건설기계의 전조등 성능을 유지하기 위하여 가장 좋은 방법은?

① 단선으로 한다.
② 복선식으로 한다.
③ 축전지와 직결시킨다.
④ 굵은 선으로 갈아 끼운다.

◉해설 복선식은 접지 쪽에도 전선을 사용하는 것으로 주로 전조등과 같이 큰 전류가 흐르는 회로에서 사용한다.

81 전조등 형식 중 내부에 불활성 가스가 들어 있으며, 광도의 변화가 적은 것은?

① 로우 빔식
② 하이 빔식
③ 실드 빔식
④ 세미실드 빔식

◉해설 실드 빔형(shield beam type) 전조등은 반사경에 필라멘트를 붙이고 여기에 렌즈를 녹여 붙인 후 내부에 불활성 가스를 넣어 그 자체가 1개의 전구가 되도록 한 것이다.

82 헤드라이트에서 세미실드 빔형은?

① 렌즈·반사경 및 전구를 분리하여 교환이 가능한 것
② 렌즈·반사경 및 전구가 일체인 것
③ 렌즈와 반사경은 일체이고, 전구는 교환이 가능한 것
④ 렌즈와 반사경을 분리하여 제작한 것

◉해설 세미실드 빔형(semi shield beam type)은 렌즈와 반사경은 녹여 붙였으나 전구는 별개로 설치한 것으로 필라멘트가 끊어지면 전구만 교환하면 된다.

83 전조등 회로의 구성부품으로 틀린 것은?

① 전조등 릴레이
② 전조등 스위치
③ 디머 스위치
④ 플래셔 유닛

◉해설 전조등 회로는 퓨즈, 라이트 스위치, 디머 스위치로 구성된다.

84 전조등의 좌우 램프 간 회로에 대한 설명으로 옳은 것은?

① 직렬 또는 병렬로 되어 있다.
② 병렬과 직렬로 되어 있다.
③ 병렬로 되어 있다.
④ 직렬로 되어 있다.

해설 전조등 회로는 병렬로 연결되어 있다.

85 방향지시등 전구에 흐르는 전류를 일정한 주기로 단속·점멸하여 램프의 광도를 증감시키는 것은?

① 디머 스위치
② 플래셔 유닛
③ 파일럿 유닛
④ 방향지시기 스위치

해설 플래셔 유닛(flasher unit)은 방향지시등 전구에 흐르는 전류를 일정한 주기로 단속·점멸하여 램프의 광도를 증감시키는 부품이다.

86 한쪽의 방향지시등만 점멸속도가 빠른 원인으로 옳은 것은?

① 전조등 배선접촉 불량
② 플래셔 유닛 고장
③ 한쪽 램프의 단선
④ 비상등 스위치 고장

해설 한쪽 램프가 단선되면 한쪽의 방향지시등만 점멸속도가 빨라진다.

87 방향지시등 스위치를 작동할 때 한쪽은 정상이고, 다른 한쪽은 점멸작용이 정상과 다르게(빠르게, 느리게, 작동불량) 작용한다. 고장원인이 아닌 것은?

① 전구 1개가 단선되었을 때
② 전구를 교체하면서 규정용량의 전구를 사용하지 않았을 때
③ 플래셔 유닛이 고장 났을 때
④ 한쪽 전구소켓에 녹이 발생하여 전압강하가 있을 때

해설 플래셔 유닛이 고장 나면 모든 방향지시등이 점멸되지 못한다.

88 그림과 같은 경고등의 의미는?

① 엔진오일 압력경고등
② 와셔액 부족 경고등
③ 브레이크액 누유 경고등
④ 냉각수 온도경고등

89 건설기계로 작업할 때 계기판에서 오일경고등이 점등되었을 때 우선 조치사항으로 적합한 것은?

① 엔진을 분해한다.
② 즉시 엔진시동을 끄고 오일계통을 점검한다.
③ 엔진오일을 교환하고 운전한다.
④ 냉각수를 보충하고 운전한다.

해설 오일경고등이 점등되면 즉시 엔진의 시동을 끄고 오일계통을 점검한다.

90 건설기계 운전 중에 계기판에 그림과 같은 등이 갑자기 점등되었다면 이 경고등의 의미는?

① 엔진오일 압력경고등
② 와셔액 부족 경고등
③ 브레이크액 누유 경고등
④ 엔진점검 경고등

91 건설기계 운전 중에 계기판에 그림과 같은 등이 갑자기 점등되었다. 무슨 표시인가?

① 배터리 충전 경고등
② 연료레벨 경고등
③ 냉각수 과열경고등
④ 유압유 온도 경고등

92 건설기계 작업 시 계기판에서 냉각수 경고등이 점등되었을 때 운전자로서 가장 적절한 조치는?

① 엔진오일량을 점검한다.
② 작업을 중지하고 점검 및 정비를 받는다.
③ 라디에이터를 교환한다.
④ 작업이 모두 끝나면 곧바로 냉각수를 보충한다.

⊙해설 냉각수 경고등이 점등되면 작업을 중지하고 냉각수량 점검 및 냉각계통의 정비를 받는다.

93 건설기계 운전 중 운전석 계기판에 그림과 같은 등이 갑자기 점등되었다. 무슨 표시인가?

① 배터리 완전충전 표시등
② 전원차단 경고등
③ 전기장치 작동표시등
④ 충전경고등

94 지구환경 문제로 인하여 기존의 냉매는 사용을 억제하고, 대체가스로 사용되고 있는 자동차 에어컨 냉매는?

① R-134a   ② R-22
③ R-16   ④ R-12

⊙해설 현재 차량에서 사용하고 있는 냉매는 R-134a 이다.

95 에어컨의 구성부품 중 고압의 기체냉매를 냉각시켜 액화시키는 작용을 하는 것은?

① 압축기   ② 응축기
③ 증발기   ④ 팽창밸브

⊙해설 응축기(condenser)는 라디에이터 앞쪽에 설치되어 있으며 주행속도와 냉각팬의 작동에 의해 고온·고압의 기체냉매를 응축시켜 고온·고압의 액체냉매로 만든다.

96 자동차 에어컨에서 고압의 액체냉매를 저압의 기체냉매로 바꾸는 구성부품은?

① 압축기   ② 리퀴드 탱크
③ 팽창밸브   ④ 에버퍼레이터

⊙해설 팽창밸브는 고온·고압의 액체냉매를 급격히 팽창시켜 저온·저압의 무상(기체)냉매로 변화시킨다.

97 자동차 에어컨 장치에서 리시버드라이어의 기능으로 틀린 것은?

① 액체냉매의 저장기능
② 수분제거 기능
③ 냉매압축 기능
④ 기포분리 기능

⊕해설 리시버드라이어의 기능은 액체냉매의 저장기능, 수분제거 기능, 기포분리 기능 등이다.

---

3 차체장치

01 변속기의 필요성과 관계가 없는 것은?

① 시동 시 기관을 무부하 상태로 한다.
② 기관의 회전력을 증대시킨다.
③ 건설기계의 후진 시 필요로 한다.
④ 환향을 빠르게 한다.

⊕해설 변속기는 기관을 시동할 때 무부하 상태로 하고, 회전력을 증가시키며, 역전(후진)을 가능하게 한다.

02 변속기의 구비조건으로 틀린 것은?

① 전달효율이 적을 것
② 변속조작이 용이할 것
③ 소형·경량일 것
④ 단계가 없이 연속적인 변속조작이 가능할 것

⊕해설 변속기는 전달효율이 커야 한다.

03 엔진과 직결되어 같은 회전수로 회전하는 토크컨버터의 구성품은?

① 터빈   ② 스테이터
③ 펌프   ④ 변속기 출력축

⊕해설 펌프(또는 임펠러)는 기관의 크랭크축에 터빈은 변속기 입력축과 연결된다.

04 자동변속기에서 토크컨버터의 설명으로 틀린 것은?

① 토크컨버터의 회전력 변환율은 3~5 : 1 이다.
② 오일의 충돌에 의한 효율저하 방지를 위하여 가이드 링이 있다.
③ 마찰 클러치에 비해 연료소비율이 더 높다.
④ 펌프, 터빈, 스테이터로 구성되어 있다.

⊕해설 토크컨버터의 회전력 변환율은 2~3 : 1 이다.

05 토크컨버터의 오일의 흐름방향을 바꾸어 주는 것은?

① 펌프   ② 변속기축
③ 터빈   ④ 스테이터

⊕해설 스테이터(stator)는 오일의 흐름 방향을 바꾸어 회전력을 증대시킨다.

06 토크컨버터의 출력이 가장 큰 경우? (단, 기관속도는 일정함)

① 항상 일정함
② 변환비가 1 : 1일 경우
③ 터빈의 속도가 느릴 때
④ 임펠러의 속도가 느릴 때

⊕해설 터빈의 속도가 느릴 때 토크컨버터의 출력이 가장 크다.

07 토크컨버터 오일의 구비조건이 아닌 것은?

① 점도가 높을 것
② 착화점이 높을 것
③ 빙점이 낮을 것
④ 비점이 높을 것

⊕해설 토크컨버터 오일은 점도가 낮고, 비중이 커야 한다.

08 유성기어장치의 구성요소로 옳은 것은?

① 평 기어, 유성기어, 후진기어, 링 기어
② 선 기어, 유성기어, 래크기어, 링 기어
③ 링 기어, 스퍼기어, 유성기어 캐리어, 선 기어
④ 선 기어, 유성기어, 유성기어 캐리어, 링 기어

🔹해설 유성기어장치의 주요부품은 선 기어, 유성기어, 링 기어, 유성기어 캐리어이다.

09 휠 형식(wheel type) 건설기계의 동력전달장치에서 슬립이음이 변화를 가능하게 하는 것은?

① 축의 길이
② 회전속도
③ 축의 진동
④ 드라이브 각

🔹해설 슬립이음을 사용하는 이유는 추진축의 길이 변화를 주기 위함이다.

10 추진축의 각도변화를 가능하게 하는 이음은?

① 자재이음
② 슬립이음
③ 등속이음
④ 플랜지 이음

🔹해설 자재이음(유니버설 조인트)은 변속기와 종 감속 기어 사이(추진축)의 구동각도 변화를 가능하게 한다.

11 유니버설 조인트 중에서 훅형(십자형) 조인트가 가장 많이 사용되는 이유가 아닌 것은?

① 구조가 간단하다.
② 급유가 불필요하다.
③ 큰 동력의 전달이 가능하다.
④ 작동이 확실하다.

🔹해설 훅형(십자형) 조인트를 많이 사용하는 이유는 구조가 간단하고, 작동이 확실하며, 큰 동력의 전달이 가능하기 때문이다. 그리고 훅형 조인트에는 그리스를 급유하여야 한다.

12 십자축 자재이음을 추진축 앞뒤에 둔 이유를 가장 적합하게 설명한 것은?

① 추진축의 진동을 방지하기 위하여
② 회전 각속도의 변화를 상쇄하기 위하여
③ 추진축의 굽힘을 방지하기 위하여
④ 길이의 변화를 다소 가능케 하기 위하여

🔹해설 십자축 자재이음은 각도변화를 주는 부품이며, 추진축 앞뒤에 둔 이유는 회전 각 속도의 변화를 상쇄하기 위함이다.

13 타이어형 건설기계에서 추진축의 스플라인 부분이 마모되면 어떤 현상이 발생하는가?

① 차동기어의 물림이 불량하다.
② 클러치 페달의 유격이 크다.
③ 가속 시 미끄럼 현상이 발생한다.
④ 주행 중 소음이 나고 차체에 진동이 있다.

🔹해설 추진축의 스플라인 부분이 마모되면 주행 중 소음이 나고 차체에 진동이 발생한다.

14 타이어형 건설기계의 동력전달 계통에서 최종적으로 구동력을 증가시키는 것은?

① 트랙 모터
② 종감속 기어
③ 스프로킷
④ 변속기

⊕해설 종감속기어(파이널 드라이브 기어)는 엔진의 동력을 바퀴까지 전달할 때 마지막으로 감속하여 최종적으로 구동력을 증가시킨다.

15 종감속비에 대한 설명으로 옳지 않은 것은?

① 종감속비는 링 기어 잇수를 구동피니언 잇수로 나눈 값이다.
② 종감속비가 크면 가속성능이 향상된다.
③ 종감속비가 적으면 등판능력이 향상된다.
④ 종감속비는 나누어서 떨어지지 않는 값으로 한다.

⊕해설 종감속비가 적으면 등판능력이 저하된다.

16 하부추진체가 휠로 되어 있는 건설기계로 커브를 돌 때 선회를 원활하게 해주는 장치는?

① 변속기
② 차동장치
③ 최종구동장치
④ 트랜스퍼케이스

⊕해설 차동장치는 타이어형 건설기계에서 선회할 때(커브를 돌 때) 바깥쪽 바퀴의 회전속도를 안쪽 바퀴보다 빠르게 하여 선회를 원활하게 한다.

17 차축의 스플라인 부분은 차동장치의 어느 기어와 결합되어 있는가?

① 차동피니언
② 링 기어
③ 구동피니언
④ 차동 사이드기어

⊕해설 차축의 스플라인 부분은 차동장치의 차동 사이드기어와 결합되어 있다.

18 액슬축의 종류가 아닌 것은?

① 반부동식　② 3/4부동식
③ 1/2부동식　④ 전부동식

⊕해설 액슬 축(차축) 지지방식에는 전부동식, 반부동식, 3/4부동식이 있다.

19 건설기계에서 환향장치의 역할은?

① 제동을 쉽게 하는 장치이다.
② 분사압력 증대장치이다.
③ 분사시기를 조절하는 장치이다.
④ 건설기계의 진행방향을 바꾸는 장치이다.

⊕해설 환향장치(조향장치)는 건설기계의 진행방향을 바꾸는 장치이다.

20 조향장치의 특성에 관한 설명 중 틀린 것은?

① 조향조작이 경쾌하고 자유로워야 한다.
② 회전반경이 되도록 커야 한다.
③ 타이어 및 조향장치의 내구성이 커야 한다.
④ 노면으로부터의 충격이나 원심력 등의 영향을 받지 않아야 한다.

⊕해설 조향장치는 회전반경이 작아서 좁은 곳에서도 방향을 변환을 할 수 있어야 한다.

21 동력조향장치의 장점으로 적합하지 않은 것은?

① 작은 조작력으로 조향조작을 할 수 있다

② 조향기어비는 조작력에 관계없이 선정할 수 있다.

③ 굴곡노면에서의 충격을 흡수하여 조향핸들에 전달되는 것을 방지한다.

④ 조작이 미숙하면 엔진가동이 자동으로 정지된다.

해설 동력조향장치는 조작이 미숙하여도 엔진이 자동으로 정지되는 경우는 없다.

22 동력조향장치 구성부품에 속하지 않는 것은?

① 유압펌프

② 복동 유압실린더

③ 제어밸브

④ 하이포이드 피니언

해설 유압발생장치(오일펌프), 유압제어장치(제어밸브), 작동장치(유압실린더)로 되어 있다.

23 타이어 건설기계의 조향 휠이 정상보다 돌리기 힘들 때의 원인으로 틀린 것은?

① 파워스티어링 오일부족

② 파워스티어링 오일펌프 벨트파손

③ 파워스티어링 오일호스 파손

④ 파워스티어링 오일에 공기제거

해설 파워스티어링 오일에 공기가 혼입되어 있으면 조향 휠(조향핸들)을 돌리기 힘들어진다.

24 타이어 건설기계에서 주행 중 조향핸들이 한쪽으로 쏠리는 원인이 아닌 것은?

① 타이어 공기압 불균일

② 브레이크 라이닝 간극조정 불량

③ 베이퍼록 현상 발생

④ 휠 얼라인먼트 조정 불량

해설 **주행 중 조향핸들이 한쪽으로 쏠리는 원인**
• 타이어 공기압 불균일
• 브레이크 라이닝 간극조정 불량
• 휠 얼라인먼트 조정 불량

25 타이어 건설기계에서 조향바퀴의 얼라인먼트의 요소와 관계없는 것은?

① 캠버　　　② 부스터

③ 토인　　　④ 캐스터

해설 조향바퀴 얼라인먼트의 요소에는 캠버, 토인, 캐스터, 킹핀 경사각 등이 있다.

26 타이어 건설기계에서 앞바퀴 정렬의 역할과 거리가 먼 것은?

① 브레이크의 수명을 길게 한다.

② 타이어 마모를 최소로 한다.

③ 방향 안정성을 준다.

④ 조향핸들의 조작을 작은 힘으로 쉽게 할 수 있다.

해설 **앞바퀴 정렬의 역할**
• 타이어 마모를 최소로 한다.
• 방향 안정성을 준다.
• 조향핸들의 조작을 작은 힘으로 쉽게 할 수 있도록 한다.
• 조향 후 바퀴의 복원력이 발생하도록 한다.

27 앞바퀴 정렬요소 중 캠버의 필요성에 대한 설명으로 거리가 먼 것은?

① 앞차축의 휨을 적게 한다.
② 조향 휠의 조작을 가볍게 한다.
③ 조향 시 바퀴의 복원력이 발생한다.
④ 토(toe)와 관련성이 있다.

⊕해설 캠버는 토(toe)와 관련성이 있으며 앞차축의 휨을 적게 하고 조향 휠(핸들)의 조작을 가볍게 한다.

28 타이어 건설기계의 휠 얼라인먼트에서 토인의 필요성이 아닌 것은?

① 조향바퀴의 방향성을 준다.
② 타이어 이상마멸을 방지한다.
③ 조향바퀴를 평행하게 회전시킨다.
④ 바퀴가 옆 방향으로 미끄러지는 것을 방지한다.

⊕해설 조향바퀴의 방향성을 주는 요소는 캐스터이다.

29 타이어 건설기계에서 조향바퀴의 토인을 조정하는 것은?

① 조향핸들 ② 웜 기어
③ 타이로드 ④ 드래그 링크

⊕해설 토인은 타이로드에서 조정한다.

30 타이어 건설기계에서 유압제동장치의 구성부품이 아닌 것은?

① 휠 실린더
② 에어 컴프레서
③ 마스터 실린더
④ 오일 리저브 탱크

⊕해설 유압 제동장치는 마스터 실린더(피스톤, 피스톤 리턴 스프링, 체크밸브 내장), 오일 리저브 탱크, 브레이크 파이프 및 호스, 휠 실린더, 브레이크슈, 슈 리턴 스프링, 브레이크 드럼 등으로 구성되어 있다.

31 브레이크 장치의 베이퍼록 발생 원인이 아닌 것은?

① 긴 내리막길에서 과도한 브레이크 사용
② 엔진 브레이크를 장시간 사용
③ 드럼과 라이닝의 끌림에 의한 가열
④ 오일의 변질에 의한 비등점의 저하

⊕해설 베이퍼록을 방지하려면 엔진 브레이크를 사용하여야 한다.

32 타이어 건설기계로 길고 급한 경사 길을 운전할 때 반 브레이크를 사용하면 어떤 현상이 생기는가?

① 라이닝은 페이드, 파이프는 스팀록
② 라이닝은 페이드, 파이프는 베이퍼록
③ 파이프는 스팀록, 라이닝은 베이퍼록
④ 파이프는 증기폐쇄, 라이닝은 스팀록

⊕해설 길고 급한 경사 길을 운전할 때 반 브레이크를 사용하면 라이닝에서는 페이드가 발생하고 파이프에서는 베이퍼록이 발생한다.

33 브레이크 드럼의 구비조건 중 틀린 것은?

① 회전 불평형이 유지되어야 한다.
② 충분한 강성을 가지고 있어야 한다.
③ 방열이 잘되어야 한다.
④ 가벼워야 한다.

⊕해설 브레이크 드럼의 구비조건에는 가벼울 것, 내마멸성과 내열성이 클 것, 강도와 강성이 클 것, 정적·동적 평형이 잡혀 있을 것, 냉각(방열)이 잘될 것 등이 있다.

34 제동장치의 페이드 현상방지책으로 틀린 것은?

① 드럼의 냉각성능을 크게 한다.

② 드럼은 열팽창률이 적은 재질을 사용한다.

③ 온도상승에 따른 마찰계수 변화가 큰 라이닝을 사용한다.

④ 드럼의 열팽창률이 적은 형상으로 한다.

> **해설** 페이드 현상을 방지하려면 온도상승에 따른 마찰계수 변화가 작은 라이닝을 사용한다.

35 브레이크에서 하이드로 백에 관한 설명으로 틀린 것은?

① 대기압과 흡기 다기관 부압과의 차이를 이용하였다.

② 하이드로 백에 고장이 나면 브레이크가 전혀 작동하지 않는다.

③ 외부에 누출이 없는데도 브레이크 작동이 나빠지는 것은 하이드로 백 고장일 수도 있다.

④ 하이드로 백은 브레이크 계통에 설치되어 있다.

> **해설** 하이드로 백(진공제동 배력 장치)은 진공과 대기압과의 차이를 이용한 것이므로 배력 장치에 고장이 발생하여도 일반적인 유압 브레이크로 작동할 수 있도록 하고 있다.

36 브레이크가 잘 작동되지 않을 때의 원인으로 가장 거리가 먼 것은?

① 라이닝에 오일이 묻었을 때

② 휠 실린더 오일이 누출되었을 때

③ 브레이크 페달 자유간극이 작을 때

④ 브레이크 드럼의 간극이 클 때

> **해설** 브레이크 페달의 자유간극이 작으면 급제동되기 쉽다.

37 드럼 브레이크에서 브레이크 작동 시 조향핸들이 한쪽으로 쏠리는 원인이 아닌 것은?

① 타이어 공기압이 고르지 않다.

② 한쪽 휠 실린더 작동이 불량하다.

③ 브레이크 라이닝 간극이 불량하다.

④ 마스터 실린더 체크밸브 작용이 불량하다.

> **해설** 브레이크를 작동시킬 때 조향핸들이 한쪽으로 쏠리는 원인
> • 타이어 공기압이 고르지 않을 때
> • 한쪽 휠 실린더 작동이 불량할 때
> • 한쪽 브레이크 라이닝 간극이 불량할 때

38 공기브레이크의 장점이 아닌 것은?

① 차량중량에 제한을 받지 않는다.

② 베이퍼록 발생이 많다.

③ 페달을 밟는 양에 따라 제동력이 조절된다.

④ 공기가 다소 누출되어도 제동성능이 현저하게 저하되지 않는다.

> **해설** 공기 브레이크는 베이퍼록 발생 염려가 없다.

39 공기브레이크 장치의 구성부품이 아닌 것은?

① 브레이크 밸브

② 마스터 실린더

③ 공기탱크

④ 릴레이 밸브

> **해설** 공기브레이크는 공기압축기, 압력조정기와 언로드 밸브, 공기탱크, 브레이크 밸브, 퀵 릴리스 밸브, 릴레이 밸브, 슬랙 조정기, 브레이크 체임버, 캠, 브레이크슈, 브레이크 드럼으로 구성된다.

40 공기브레이크에서 브레이크슈를 직접 작동시키는 것은?

① 유압
② 브레이크 페달
③ 캠
④ 릴레이 밸브

⊕해설 공기브레이크에서 브레이크슈를 직접 작동시키는 것은 캠(cam)이다.

41 제동장치 중 주 브레이크에 속하지 않는 것은?

① 유압 브레이크
② 배력 브레이크
③ 공기 브레이크
④ 배기 브레이크

⊕해설 배기 브레이크는 긴 내리막길을 내려갈 때 사용하는 감속 브레이크이다.

42 사용압력에 따른 타이어의 분류에 속하지 않는 것은?

① 고압 타이어
② 초고압 타이어
③ 저압 타이어
④ 초저압 타이어

⊕해설 공기압력에 따른 타이어의 분류에는 고압 타이어, 저압 타이어, 초저압 타이어가 있다.

43 타이어의 구조에서 직접 노면과 접촉되어 마모에 견디고 적은 슬립으로 견인력을 증대시키는 곳의 명칭은?

① 트레드
② 브레이커
③ 카커스
④ 비드

⊕해설 트레드는 타이어가 직접 노면과 접촉되어 마모에 견디고 적은 슬립으로 견인력을 증대시키는 곳이다.

44 타이어에서 몇 겹의 코드 층을 내열성의 고무로 싼 구조로 되어 있으며, 트레드와 카커스의 분리를 방지하고 노면에서의 완충작용도 하는 부분은?

① 카커스
② 비드
③ 트레드
④ 브레이커

⊕해설 브레이커는 타이어에서 몇 겹의 코드 층을 내열성의 고무로 싼 구조로 되어 있으며, 트레드와 카커스의 분리를 방지하고 노면에서의 완충작용도 한다.

45 타이어에서 고무로 피복된 코드를 여러 겹으로 겹친 층에 해당되며 타이어 골격을 이루는 부분은?

① 카커스
② 트레드
③ 숄더
④ 비드

⊕해설 카커스는 고무로 피복된 코드를 여러 겹 겹친 층에 해당되며, 타이어 골격을 이루는 부분이다.

46 내부에는 고탄소강의 강선(피아노 선)을 묶음으로 넣고 고무로 피복한 림 상태의 보강 부위로, 타이어를 림에 견고하게 고정시키는 역할을 하는 것은?

① 카커스 ② 비드
③ 숄더 ④ 트레드

◉해설 비드는 내부에는 고 탄소강의 강선(피아노 선)을 묶음으로 넣고 고무로 피복한 림 상태의 보강 부위로, 타이어를 림에 견고하게 고정시키는 역할을 하는 부분이다.

47 타이어 건설기계에 부착된 부품을 확인하였더니 13.00–24–18PR로 명기되어 있었다. 다음 중 어느 것에 해당되는가?

① 유압펌프
② 엔진 일련번호
③ 타이어 규격
④ 시동모터 용량

48 건설기계에 사용되는 저압 타이어 호칭치수 표시는?

① 타이어의 외경 – 타이어의 폭 – 플라이 수
② 타이어의 폭 – 타이어의 내경 – 플라이 수
③ 타이어의 폭 – 림의 지름
④ 타이어의 내경 – 타이어의 폭 – 플라이 수

◉해설 저압 타이어 호칭치수는 타이어의 폭 – 타이어의 내경 – 플라이 수로 표시한다.

49 타이어 건설기계 주행 중 발생할 수 있는 히트 세퍼레이션 현상에 대한 설명으로 맞는 것은?

① 물에 젖은 노면을 고속으로 달리면 타이어와 노면 사이에 수막이 생기는 현상
② 고속으로 주행 중 타이어가 터져버리는 현상
③ 고속주행 시 차체가 좌우로 밀리는 현상
④ 고속 주행할 때 타이어 공기압이 낮아져 타이어가 찌그러지는 현상

◉해설 히트 세퍼레이션 현상이란 고속으로 주행할 때 열에 의해 타이어의 고무나 코드가 용해 및 분리되어 터지는 현상이다.

4 유압장치

01 건설기계의 유압장치를 가장 적절히 표현한 것은?

① 오일을 이용하여 전기를 생산하는 것
② 기체를 액체로 전환시키기 위하여 압축하는 것
③ 오일의 연소에너지를 통해 동력을 생산하는 것
④ 오일의 압력 에너지를 이용하여 기계적인 일을 하도록 하는 것

◉해설 유압장치란 오일의 압력 에너지를 이용하여 기계적인 일을 하도록 하는 것이다.

02 "밀폐된 용기 속의 유체 일부에 가해진 압력은 각 부의 모든 부분에 같은 세기로 전달된다."는 원리는?

① 베르누이의 원리

② 렌츠의 원리

③ 파스칼의 원리

④ 보일 – 샤를의 원리

ⓗ해설 **파스칼의 원리**
• 밀폐된 용기 내의 한 부분에 가해진 압력은 액체 내의 전부분에 같은 압력으로 전달된다.
• 정지된 액체에 접하고 있는 면에 가해진 압력은 그 면에 수직으로 작용한다.
• 정지된 액체의 한 점에 있어서의 압력의 크기는 전 방향에 대하여 동일하다.

03 압력의 단위가 아닌 것은?

① bar

② kgf/cm^2

③ $N \cdot m$

④ kPa

ⓗ해설 압력의 단위에는 kgf/cm^2, psi(PSI), atm, Pa(kPa, MPa), mmHg, bar, atm, mAq 등이 있다.

04 유압장치의 장점에 속하지 않는 것은?

① 소형으로 큰 힘을 낼 수 있다.

② 정확한 위치제어가 가능하다.

③ 배관이 간단하다.

④ 원격제어가 가능하다.

ⓗ해설 유압장치는 배관회로의 구성이 어렵고, 관로를 연결하는 곳에서 유압유가 누출될 우려가 있다.

05 유압장치의 단점에 대한 설명 중 틀린 것은?

① 관로를 연결하는 곳에서 작동유가 누출될 수 있다.

② 고압사용으로 인한 위험성이 존재한다.

③ 작동유 누유로 인해 환경오염을 유발할 수 있다.

④ 전기·전자의 조합으로 자동제어가 곤란하다.

ⓗ해설 유압장치는 전기·전자의 조합으로 자동제어가 가능한 장점이 있다.

06 일반적인 유압펌프에 대한 설명으로 가장 거리가 먼 것은?

① 오일을 흡입하여 컨트롤 밸브로 송유(토출)한다.

② 엔진 또는 모터의 동력으로 구동된다.

③ 벨트에 의해서만 구동된다.

④ 동력원이 회전하는 동안에는 항상 회전한다.

ⓗ해설 유압펌프는 동력원과 주로 기어나 커플링으로 직결되어 있으므로 동력원이 회전하는 동안에는 항상 회전하여 오일탱크 내의 유압유를 흡입하여 컨트롤 밸브로 송유(토출)한다.

07 유압장치에 사용되는 유압펌프 형식이 아닌 것은?

① 베인펌프

② 플런저펌프

③ 분사펌프

④ 기어펌프

ⓗ해설 유압펌프의 종류에는 기어펌프, 베인펌프, 피스톤(플런저)펌프, 나사펌프, 트로코이드펌프 등이 있다.

08 기어펌프에 대한 설명으로 옳은 것은?

① 가변용량형 펌프이다.
② 정용량 펌프이다.
③ 비정용량 펌프이다.
④ 날개깃에 의해 펌핑 작용을 한다.

⊙해설 기어펌프는 회전속도에 따라 흐름용량(유량)이 변화하는 정용량형이다.

09 외접형 기어펌프에서 토출된 유량 일부가 입구 쪽으로 귀환하여 토출유량 감소, 축 동력 증가 및 케이싱 마모 등의 원인을 유발하는 현상을 무엇이라고 하는가?

① 폐입현상
② 숨 돌리기 현상
③ 공동현상
④ 열화촉진 현상

⊙해설 폐입현상이란 토출된 유량의 일부가 입구 쪽으로 귀환하여 토출량 감소, 축 동력 증가 및 케이싱 마모, 기포발생 등의 원인을 유발하는 현상이다. 폐입된 부분의 유압유는 압축이나 팽창을 받으므로 소음과 진동의 원인이 된다. 기어 측면에 접하는 펌프 측판(side plate)에 릴리프 홈을 만들어 방지한다.

10 베인펌프에 대한 설명으로 틀린 것은?

① 날개로 펌핑동작을 한다.
② 토크(torque)가 안정되어 소음이 작다.
③ 싱글형과 더블형이 있다.
④ 베인펌프는 1단 고정으로 설계된다.

⊙해설 베인펌프는 날개로 펌핑동작을 하며, 싱글형과 더블형이 있고, 토크가 안정되어 소음이 작다.

11 플런저 유압펌프의 특징이 아닌 것은?

① 구동축이 회전운동을 한다.
② 플런저가 회전운동을 한다.
③ 가변용량형과 정용량형이 있다.
④ 기어펌프에 비해 최고압력이 높다.

⊙해설 플런저 펌프의 플런저는 왕복운동을 한다.

12 유압펌프에서 경사판의 각을 조정하여 토출유량을 변환시키는 펌프는?

① 기어펌프   ② 로터리 펌프
③ 베인펌프   ④ 플런저 펌프

⊙해설 액시얼형 플런저 펌프는 경사판의 각도를 조정하여 토출유량(펌프용량)을 변환시킨다.

13 유압펌프에서 토출압력이 가장 높은 것은?

① 베인펌프
② 기어펌프
③ 액시얼 플런저 펌프
④ 레이디얼 플런저 펌프

⊙해설 **유압펌프의 토출압력**
- 기어펌프 : $10 \sim 250 kgf/cm^2$
- 베인펌프 : $35 \sim 140 kgf/cm^2$
- 레이디얼 플런저 펌프 : $140 \sim 250 kgf/cm^2$
- 액시얼 플런저 펌프 : $210 \sim 400 kgf/cm^2$

14 유압펌프의 용량을 나타내는 방법은?

① 주어진 압력과 그때의 오일무게로 표시
② 주어진 속도와 그때의 토출압력으로 표시
③ 주어진 압력과 그때의 토출량으로 표시
④ 주어진 속도와 그때의 점도로 표시

⊙해설 유압펌프의 용량은 주어진 압력과 그때의 토출량으로 표시한다.

15 유압펌프의 토출량을 표시하는 단위로 옳은 것은?

① L/min
② kgf·m
③ kgf/cm²
④ kW 또는 PS

⊙해설 유압펌프 토출량의 단위는 L/min(LPM)이나 GPM(gallon per minute)을 사용한다.

16 유압펌프가 작동 중 소음이 발생할 때의 원인으로 틀린 것은?

① 유압펌프 축의 편심오차가 크다.
② 유압펌프 흡입관 접합부로부터 공기가 유입된다.
③ 릴리프 밸브 출구에서 오일이 배출되고 있다.
④ 스트레이너가 막혀 흡입용량이 너무 작아졌다.

⊙해설 **유압펌프에서 소음이 발생하는 원인**
• 유압펌프 축의 편심오차가 클 때, 유압펌프 흡입관 접합부로부터 공기가 유입될 때
• 스트레이너가 막혀 흡입용량이 작아졌을 때
• 유압펌프의 회전속도가 너무 빠를 때

17 유압펌프의 작동유 유출여부 점검방법에 해당하지 않는 것은?

① 정상작동 온도로 난기운전을 실시하여 점검하는 것이 좋다.
② 고정 볼트가 풀린 경우에는 추가 조임을 한다.
③ 작동유 유출점검은 운전자가 관심을 가지고 점검하여야 한다.
④ 하우징에 균열이 발생되면 패킹을 교환한다.

⊙해설 하우징에 균열이 발생되면 하우징을 교체하거나 수리한다.

18 유압장치 취급방법 중 가장 옳지 않은 것은?

① 가동 중 이상소음이 발생되면 즉시 작업을 중지한다.
② 종류가 다른 오일이라도 부족하면 보충할 수 있다.
③ 추운 날씨에는 충분한 준비 운전 후 작업한다.
④ 오일량이 부족하지 않도록 점검 보충한다.

⊙해설 작동유가 부족할 때 종류가 다른 작동유를 보충하면 열화가 일어난다.

19 유압회로 내에 기포가 발생할 때 일어날 수 있는 현상과 가장 거리가 먼 것은?

① 작동유의 누설저하
② 소음증가
③ 공동현상 발생
④ 액추에이터의 작동불량

⊙해설 유압회로 내에 기포가 생기면 공동현상 발생, 오일탱크의 오버플로, 소음증가, 액추에이터의 작동불량 등이 발생한다.

20 건설기계에서 유압구성 부품을 분해하기 전에 내부압력을 제거하려면 어떻게 하는 것이 좋은가?

① 압력밸브를 밀어 준다.
② 고정너트를 서서히 푼다.
③ 엔진가동 정지 후 조정레버를 모든 방향으로 작동하여 압력을 제거한다.
④ 엔진가동 정지 후 개방하면 된다.

⊙해설 유압 구성부품을 분해하기 전에 내부압력을 제거하려면 엔진가동 정지 후 조정레버를 모든 방향으로 작동한다.

21 유압장치의 계통 내에 슬러지 등이 생겼을 때 이것을 용해하여 깨끗이 하는 작업은?

① 서징   ② 플러싱
③ 코킹   ④ 트램핑

⊕해설 플러싱이란 유압계통의 오일장치 내에 슬러지 등이 생겼을 때 이것을 용해하여 장치 내를 깨끗이 하는 작업이다.

22 유압유 관내에 공기가 혼입되었을 때 일어날 수 있는 현상이 아닌 것은?

① 공동현상   ② 기화현상
③ 열화현상   ④ 숨 돌리기 현상

⊕해설 관로에 공기가 침입하면 실린더 숨 돌리기 현상, 열화촉진, 공동현상 등이 발생한다.

23 유압장치 내부에 국부적으로 높은 압력이 발생하여 소음과 진동이 발생하는 현상은?

① 노이즈   ② 벤트포트
③ 오리피스   ④ 캐비테이션

⊕해설 캐비테이션(공동현상)은 저압부분의 유압이 진공에 가까워짐으로서 기포가 발생하며, 기포가 파괴되어 국부적인 고압이나 소음과 진동이 발생하고, 양정과 효율이 저하되는 현상이다.

24 유압회로 내의 밸브를 갑자기 닫았을 때, 오일의 속도 에너지가 압력 에너지로 변하면서 일시적으로 큰 압력증가가 생기는 현상을 무엇이라 하는가?

① 캐비테이션 현상
② 서지 현상
③ 채터링 현상
④ 에어레이션 현상

⊕해설 서지 현상은 유압회로 내의 밸브를 갑자기 닫았을 때, 오일의 속도에너지가 압력에너지로 변하면서 일시적으로 큰 압력 증가가 생기는 현상이다.

25 유압유의 압력·유량 또는 방향을 제어하는 밸브의 총칭은?

① 안전밸브   ② 제어밸브
③ 감압밸브   ④ 축압기

⊕해설 제어밸브란 유압유의 압력, 유량 또는 방향을 제어하는 밸브의 총칭이다.

26 유압회로에 사용되는 제어밸브의 역할과 종류의 연결사항으로 틀린 것은?

① 일의 크기 제어 – 압력제어밸브
② 일의 속도 제어 – 유량조절밸브
③ 일의 방향 제어 – 방향전환밸브
④ 일의 시간 제어 – 속도제어밸브

⊕해설 압력제어밸브는 일의 크기 결정, 유량제어밸브는 일의 속도 결정, 방향제어밸브는 일의 방향 결정을 한다.

27 유압유의 압력을 제어하는 밸브가 아닌 것은?

① 릴리프 밸브
② 체크 밸브
③ 리듀싱 밸브
④ 시퀀스 밸브

⊕해설 압력제어밸브의 종류에는 릴리프 밸브, 리듀싱(감압) 밸브, 시퀀스(순차) 밸브, 언로드(무부하) 밸브, 카운터밸런스 밸브 등이 있다.

28 유압회로 내의 압력이 설정압력에 도달하면 펌프에 토출된 오일의 일부 또는 전량을 직접 탱크로 돌려보내 회로의 압력을 설정 값으로 유지하는 밸브는?

① 시퀀스 밸브
② 릴리프 밸브
③ 언로드 밸브
④ 체크 밸브

⊙ 해설 릴리프 밸브는 유압장치 내의 압력을 일정하게 유지하고, 최고압력을 제한하며 회로를 보호하며, 과부하 방지와 유압기기의 보호를 위하여 최고 압력을 규제한다.

29 릴리프 밸브에서 포핏 밸브를 밀어 올려 기름이 흐르기 시작할 때의 압력은?

① 설정압력
② 크랭킹 압력
③ 허용압력
④ 전량압력

⊙ 해설 크랭킹 압력이란 릴리프 밸브에서 포핏 밸브를 밀어 올려 기름이 흐르기 시작할 때의 압력이다.

30 릴리프 밸브(relief valve)에서 볼(ball)이 밸브의 시트(seat)를 때려 소음을 발생시키는 현상은?

① 채터링(chattering) 현상
② 베이퍼록(vapor lock) 현상
③ 페이드(fade) 현상
④ 노킹(knocking) 현상

⊙ 해설 채터링이란 릴리프 밸브에서 스프링 장력이 약할 때 볼이 밸브의 시트를 때려 소음을 내는 진동현상이다.

31 유압회로에서 어떤 부분 회로의 압력을 주회로의 압력보다 저압으로 해서 사용하고자 할 때 사용하는 밸브는?

① 릴리프 밸브
② 체크 밸브
③ 리듀싱 밸브
④ 카운터 밸런스 밸브

⊙ 해설 리듀싱(감압) 밸브는 회로 일부의 압력을 릴리프 밸브의 설정압력(메인 유압) 이하로 하고 싶을 때 사용하며 입구(1차 쪽)의 주회로에서 출구(2차 쪽)의 감압회로로 유압유가 흐른다. 상시개방 상태로 되어 있다가 출구(2차 쪽)의 압력이 감압 밸브의 설정압력보다 높아지면 밸브가 작용하여 유로를 닫는다.

32 유압원에서의 주회로로부터 유압실린더 등이 2개 이상의 분기회로를 가질 때, 각 유압실린더를 일정한 순서로 순차 작동시키는 밸브는?

① 시퀀스 밸브
② 감압 밸브
③ 릴리프 밸브
④ 체크 밸브

⊙ 해설 시퀀스 밸브는 두 개 이상의 분기회로에서 유압 실린더나 모터의 작동순서를 결정한다.

33 유압회로 내의 압력이 설정압력에 도달하면 펌프에서 토출된 오일을 전부 탱크로 회송시켜 펌프를 무부하로 운전시키는 데 사용하는 밸브는?

① 체크 밸브
② 시퀀스 밸브
③ 언로드 밸브
④ 카운터 밸런스 밸브

⊙ 해설 언로드(무부하) 밸브는 유압회로 내의 압력이 설정압력에 도달하면 펌프에서 토출된 오일을 전부 탱크로 회송시켜 펌프를 무부하로 운전시키는 데 사용한다.

34 유압실린더 등의 중력에 의한 자유낙하를 방지하기 위해 배압을 유지하는 압력제어 밸브는?

① 감압 밸브

② 시퀀스 밸브

③ 언로드 밸브

④ 카운터 밸런스 밸브

⊕해설 카운터 밸런스 밸브는 유압 실린더 등이 중력 및 자체중량에 의한 자유낙하를 방지하기 위해 배압을 유지한다.

35 유압장치에서 유량제어 밸브가 아닌 것은?

① 교축 밸브

② 유량조정 밸브

③ 분류 밸브

④ 릴리프 밸브

⊕해설 **유량제어 밸브의 종류**
- 속도제어 밸브
- 교축 밸브(스로틀 밸브)
- 급속배기 밸브
- 스톱 밸브
- 분류 밸브
- 스로틀체크 밸브
- 니들 밸브
- 유량조정 밸브
- 오리피스 밸브

36 유압장치에서 방향제어 밸브에 해당하는 것은?

① 릴리프 밸브

② 셔틀 밸브

③ 시퀀스 밸브

④ 언로더 밸브

⊕해설 방향제어 밸브의 종류에는 스풀 밸브, 체크 밸브, 셔틀 밸브 등이 있다.

37 유압작동기의 방향을 전환시키는 밸브에 사용되는 형식 중 원통형 슬리브 면에 내접하여 축 방향으로 이동하면서 유로를 개폐하는 형식은?

① 스풀 형식

② 포핏 형식

③ 베인 형식

④ 카운터 밸런스 밸브 형식

⊕해설 스풀 밸브는 원통형 슬리브 면에 내접하여 축 방향으로 이동하여 유로를 개폐하여 오일의 흐름방향을 바꾸는 기능을 한다.

38 작동유를 한 방향으로는 흐르게 하고 반대 방향으로는 흐르지 않게 하기 위해 사용하는 밸브는?

① 릴리프 밸브

② 체크 밸브

③ 무부하 밸브

④ 감압 밸브

⊕해설 체크 밸브는 역류를 방지하고, 회로 내의 잔류 압력을 유지시키며, 오일의 흐름이 한쪽 방향으로만 가능하게 한다.

39 방향제어 밸브를 동작시키는 방식이 아닌 것은?

① 수동 방식

② 스프링 방식

③ 전자 방식

④ 유압 파일럿 방식

⊕해설 방향제어 밸브를 동작시키는 방식에는 수동 방식, 전자 방식, 유압 파일럿 방식 등이 있다.

40 방향전환 밸브 중 4포트 3위치 밸브에 대한 설명으로 틀린 것은?

① 직선형 스풀 밸브이다.
② 스풀의 전환위치가 3개이다.
③ 밸브와 주배관이 접속하는 접속구는 3개이다.
④ 중립위치를 제외한 양끝 위치에서 4포트 2위치 밸브와 같은 기능을 한다.

🔵해설 밸브와 주배관이 접속하는 접속구는 4개이다.

41 유압실린더의 행정 최종 단에서 실린더의 속도를 감속하여 서서히 정지시키고자 할 때 사용되는 밸브는?

① 프레필 밸브
② 디콤프레션 밸브
③ 디셀러레이션 밸브
④ 셔틀 밸브

🔵해설 디셀러레이션 밸브는 캠으로 조작되는 유압 밸브이며 액추에이터의 속도를 서서히 감속시킬 때 사용한다.

42 유압장치에 사용되는 밸브부품의 세척유로 가장 적절한 것은?

① 엔진오일   ② 물
③ 경유   ④ 합성세제

🔵해설 밸브부품은 솔벤트나 경유로 세척한다.

43 유압유의 유체 에너지(압력, 속도)를 기계적인 일로 변환시키는 유압장치는?

① 유압펌프   ② 유압 액추에이터
③ 어큐뮬레이터   ④ 유압밸브

🔵해설 유압 액추에이터는 유압펌프에서 발생된 유압 에너지를 기계적 에너지(직선운동이나 회전운동)로 바꾸는 장치이다.

44 유압모터와 유압실린더의 설명으로 맞는 것은?

① 유압모터는 회전운동, 유압실린더는 직선운동을 한다.
② 둘 다 왕복운동을 한다.
③ 둘 다 회전운동을 한다.
④ 유압모터는 직선운동, 유압실린더는 회전운동을 한다.

🔵해설 유압모터는 회전운동, 유압실린더는 직선운동을 한다.

45 유압실린더의 주요구성 부품이 아닌 것은?

① 피스톤   ② 피스톤 로드
③ 실린더   ④ 커넥팅 로드

🔵해설 유압 실린더는 실린더, 피스톤, 피스톤 로드로 구성된다.

46 유압실린더의 종류에 해당하지 않는 것은?

① 단동 실린더   ② 복동 실린더
③ 다단 실린더   ④ 회전 실린더

🔵해설 유압실린더의 종류에는 단동 실린더, 복동 실린더(싱글로드형과 더블로드형), 다단 실린더, 램형 실린더 등이 있다.

47 유압 복동 실린더에 대하여 설명한 것 중 틀린 것은?

① 싱글 로드형이 있다.
② 더블 로드형이 있다.
③ 수축은 자중이나 스프링에 의해서 이루어진다.
④ 피스톤의 양방향으로 유압을 받아 늘어난다.

🔵해설 자중이나 스프링에 의해서 수축이 이루어지는 방식은 단동 실린더이다.

48 유압실린더의 지지방식이 아닌 것은?

① 유니언형 ② 푸트형
③ 트러니언형 ④ 플랜지형

🔎 해설 유압실린더 지지방식에는 플랜지형, 트러니언형, 클레비스형, 푸트형이 있다.

49 유압실린더에서 피스톤 행정이 끝날 때 발생하는 충격을 흡수하기 위해 설치하는 장치는?

① 쿠션기구 ② 압력보상 장치
③ 서보밸브 ④ 스로틀 밸브

🔎 해설 쿠션기구는 유압 실린더에서 피스톤 행정이 끝날 때 발생하는 충격을 흡수하기 위해 설치한다.

50 유압실린더를 교환하였을 경우 조치해야 할 작업으로 가장 거리가 먼 것은?

① 오일필터 교환
② 공기빼기 작업
③ 누유점검
④ 시운전하여 작동상태 점검

🔎 해설 유압장치를 교환하였을 경우에는 기관을 시동하여 공회전 시킨 후 작동상태 점검, 공기빼기 작업, 누유점검, 오일보충을 한다.

51 유압실린더에서 숨 돌리기 현상이 생겼을 때 일어나는 현상이 아닌 것은?

① 작동지연 현상이 생긴다.
② 피스톤 동작이 정지된다.
③ 오일의 공급이 과대해진다.
④ 작동이 불안정하게 된다.

🔎 해설 숨 돌리기 현상은 유압유의 공급이 부족할 때 발생한다.

52 유압에너지를 이용하여 외부에 기계적인 일을 하는 유압기기는?

① 유압모터 ② 근접 스위치
③ 유압탱크 ④ 기동전동기

🔎 해설 유압모터는 유압에너지에 의해 연속적으로 회전운동을 하여 기계적인 일을 하는 장치이다.

53 유압모터의 회전력이 변화하는 것에 영향을 미치는 것은?

① 유압유 압력 ② 유량
③ 유압유 점도 ④ 유압유 온도

🔎 해설 유압모터의 회전력에 영향을 주는 것은 유압유의 압력이다.

54 유압모터를 선택할 때 고려사항과 가장 거리가 먼 것은?

① 동력 ② 부하
③ 효율 ④ 점도

55 유압모터의 장점이 아닌 것은?

① 관성력이 크며, 소음이 크다.
② 전동모터에 비하여 급속정지가 쉽다.
③ 광범위한 무단변속을 얻을 수 있다.
④ 작동이 신속·정확하다.

🔎 해설 유압모터는 광범위한 무단변속을 얻을 수 있고, 작동이 신속·정확하며, 관성력이 작아 전동모터에 비하여 급속정지가 쉬운 장점이 있다.

56 유압장치에서 기어모터에 대한 설명 중 잘못된 것은?

① 내부누설이 적어 효율이 높다.
② 구조가 간단하고 가격이 저렴하다.
③ 일반적으로 스퍼기어를 사용하나 헬리컬 기어도 사용한다.
④ 유압유에 이물질이 혼입되어도 고장 발생이 적다.

⊕해설 **기어모터의 장점**
• 구조가 간단하여 가격이 싸다.
• 먼지나 이물질이 많은 곳에서도 사용이 가능하다.
• 스퍼기어를 주로 사용하나 헬리컬 기어도 사용한다.

57 유압모터에서 소음과 진동이 발생할 때의 원인이 아닌 것은?

① 내부부품의 파손
② 작동유 속에 공기의 혼입
③ 체결볼트의 이완
④ 유압펌프의 최고 회전속도 저하

⊕해설 **유압모터에서 소음과 진동이 발생하는 원인**
• 내부부품이 파손되었을 때
• 작동유 속에 공기의 혼입되었을 때
• 체결볼트가 이완되었을 때
• 유압펌프를 최고 회전속도로 작동시킬 때

58 유압모터의 회전속도가 규정 속도보다 느릴 경우 그 원인이 아닌 것은?

① 유압펌프의 오일 토출량 과다
② 각 작동부의 마모 또는 파손
③ 유압유의 유입량 부족
④ 오일의 내부누설

⊕해설 유압펌프의 오일 토출유량이 과다하면 유압모터의 회전속도가 빨라진다.

59 유압모터의 종류에 포함되지 않는 것은?

① 기어형   ② 베인형
③ 플런저형   ④ 터빈형

⊕해설 유압모터의 종류에는 기어 모터, 베인 모터, 플런저 모터 등이 있다.

60 유압모터와 연결된 감속기의 오일수준을 점검할 때의 유의사항으로 틀린 것은?

① 오일이 정상 온도일 때 오일수준을 점검해야 한다.
② 오일량은 영하(-)의 온도상태에서 가득 채워야 한다.
③ 오일수준을 점검하기 전에 항상 오일수준 게이지 주변을 깨끗하게 청소한다.
④ 오일량이 너무 적으면 모터유닛이 올바르게 작동하지 않거나 손상될 수 있으므로 오일량은 항상 정량유지가 필요하다.

⊕해설 유압모터의 감속기 오일량은 정상온도 상태에서 Full 가까이 있어야 한다.

61 유압회로에서 유량제어를 통하여 작업속도를 조절하는 방식에 속하지 않는 것은?

① 미터-인(meter in) 방식
② 미터-아웃(meter out) 방식
③ 블리드 오프(bleed off) 방식
④ 블리드 온(bleed on) 방식

⊕해설 속도제어 회로에는 미터-인 방식, 미터-아웃 방식, 블리드 오프 방식이 있다.

62 액추에이터의 입구 쪽 관로에 유량제어 밸브를 직렬로 설치하여 작동유의 유량을 제어함으로써 액추에이터의 속도를 제어하는 회로는?

① 시스템 회로(system circuit)
② 블리드 오프 회로(bleed-off circuit)
③ 미터-인 회로(meter-in circuit)
④ 미터-아웃 회로(meter-out circuit)

⊕해설 미터-인(meter in) 회로는 유압 액추에이터의 입력 쪽에 유량제어 밸브를 직렬로 연결하여 액추에이터로 유입되는 유량을 제어하여 액추에이터의 속도를 제어한다.

63 유압실린더의 속도를 제어하는 블리드 오프(bleed-off) 회로에 대한 설명으로 틀린 것은?

① 유압펌프 토출유량 중 일정한 양을 탱크로 되돌린다.
② 릴리프 밸브에서 과잉압력을 줄일 필요가 없다.
③ 유량제어 밸브를 실린더와 직렬로 설치한다.
④ 부하변동이 급격한 경우에는 정확한 유량제어가 곤란하다.

⊕해설 블리드 오프(bleed-off) 회로는 유량제어 밸브를 실린더와 병렬로 연결하여 실린더의 속도를 제어한다.

64 유압장치의 기호회로도에 사용되는 유압 기호의 표시방법으로 적합하지 않은 것은?

① 기호에는 흐름의 방향을 표시한다.
② 각 기기의 기호는 정상상태 또는 중립상태를 표시한다.
③ 기호는 어떠한 경우에도 회전하여서는 안 된다.
④ 기호에는 각 기기의 구조나 작용압력을 표시하지 않는다.

⊕해설 기호는 오해의 위험이 없는 경우에는 기호를 회전하거나 뒤집어도 된다.

65 유압장치에서 가장 많이 사용되는 유압회로도는?

① 조합 회로도   ② 그림 회로도
③ 단면 회로도   ④ 기호 회로도

⊕해설 일반적으로 많이 사용하는 유압 회로도는 기호 회로도이다.

66 그림의 유압기호는 무엇을 표시하는가?

① 공기·유압변환기
② 증압기
③ 촉매컨버터
④ 어큐뮬레이터

67 유압도면 기호의 명칭은?

① 스트레이너
② 유압모터
③ 유압펌프
④ 압력계

68 정용량형 유압펌프의 기호는?

①   ②

③   ④

69 유압장치에서 가변용량형 유압펌프의 기호는?

①   ②

③   ④

70 공·유압기호 중 그림이 나타내는 것은?

① 정용량형 펌프·모터
② 가변용량형 펌프·모터
③ 요동형 액추에이터
④ 가변형 액추에이터

71 그림의 유압기호는 무엇을 표시하는가?

① 가변 유압모터
② 유압펌프
③ 가변 토출밸브
④ 가변 흡입밸브

72 그림과 같은 유압기호에 해당하는 밸브는?

① 체크밸브
② 카운터 밸런스 밸브
③ 릴리프 밸브
④ 리듀싱 밸브

73 다음 유압기호가 나타내는 것은?

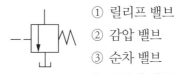
① 릴리프 밸브
② 감압 밸브
③ 순차 밸브
④ 무부하 밸브

74 단동실린더의 기호표시로 맞는 것은?

①  ②

③   ④

75 그림과 같은 실린더의 명칭은?

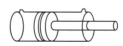

① 단동 실린더
② 단동 다단실린더
③ 복동 실린더
④ 복동 다단실린더

76 복동 실린더 양 로드형을 나타내는 유압 기호는?

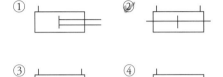

77 체크밸브를 나타낸 것은?

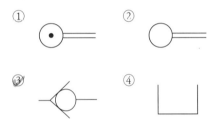

78 그림의 유압기호는 무엇을 표시하는가?

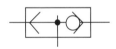

① 스톱 밸브
② 무부하 밸브
③ 고압우선형 셔틀밸브
④ 저압우선형 셔틀밸브

79 그림의 유압기호는 무엇을 표시하는가?

① 복동 가변식 전자 액추에이터
② 회전형 전기 액추에이터
③ 단동 가변식 전자 액추에이터
④ 직접 파일럿 조작 액추에이터

80 그림의 공·유압기호는 무엇을 표시하는가?

① 전자·공기압 파일럿
② 전자·유압 파일럿
③ 유압 2단 파일럿
④ 유압가변 파일럿

81 유압·공기압 도면기호 중 그림이 나타내는 것은?

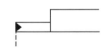

① 유압 파일럿(외부)
② 공기압 파일럿(외부)
③ 유압 파일럿(내부)
④ 공기압 파일럿(내부)

82 방향전환밸브의 조작방식에서 단동 솔레노이드 기호는?

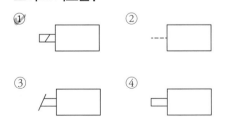

● 해설 ②는 간접조작방식, ③은 레버조작방식, ④는 기계조작방식이다.

83 그림의 유압기호에서 "A"부분이 나타내는 것은?

① 오일냉각기
② 스트레이너
③ 가변용량 유압펌프
④ 가변용량 유압모터

84 그림의 유압기호가 나타내는 것은?

① 유압밸브
② 차단밸브
③ 오일탱크
④ 유압 실린더

85 그림의 유압기호는 무엇을 표시하는가?

① 유압실린더
② 어큐뮬레이터
③ 오일탱크
④ 유압실린더 로드

86 유압도면 기호에서 여과기의 기호표시는?

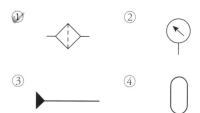

87 공·유압기호 중 그림이 나타내는 것은?

① 유압동력원　② 공기압 동력원
③ 전동기　　　④ 원동기

88 유압도면 기호에서 압력스위치를 나타내는 것은?

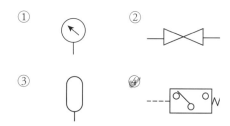

89 작동유에 대한 설명으로 틀린 것은?

① 점도지수가 낮아야 한다.
② 점도는 압력손실에 영향을 미친다.
③ 마찰부분의 윤활작용 및 냉각작용을 한다.
④ 공기가 혼입되면 유압기기의 성능은 저하된다.

해설 작동유는 마찰부분의 윤활작용 및 냉각작용을 하며, 점도지수가 높아야 하고, 점도가 낮으면 유압이 낮아진다. 또 공기가 혼입되면 유압기기의 성능은 저하된다.

90 유압유의 점도가 지나치게 높았을 때 나타나는 현상이 아닌 것은?

① 오일누설이 증가한다.

② 유동저항이 커져 압력손실이 증가한다.

③ 동력손실이 증가하여 기계효율이 감소한다.

④ 내부마찰이 증가하고, 압력이 상승한다.

⊕해설 유압유의 점도가 너무 높으면 유동저항이 커져 압력손실의 증가, 동력손실의 증가로 기계효율 감소, 내부마찰이 증가하여 압력상승, 열 발생의 원인이 된다.

91 작동유가 넓은 온도범위에서 사용되기 위한 조건으로 가장 알맞은 것은?

① 산화작용이 양호해야 한다.

② 점도지수가 높아야 한다.

③ 소포성이 좋아야 한다.

④ 유성이 커야 한다.

⊕해설 작동유가 넓은 온도범위에서 사용되기 위해서는 점도지수가 높아야 한다.

92 유압 작동유의 주요기능이 아닌 것은?

① 윤활작용

② 냉각작용

③ 압축작용

④ 동력전달 기능

⊕해설 유압유는 열을 흡수하는 냉각작용, 동력을 전달하는 작용, 필요한 요소사이를 밀봉하는 작용, 움직이는 기계요소의 마모를 방지하는 윤활작용 등을 한다.

93 [보기]에서 유압 작동유가 갖추어야 할 조건으로 모두 맞는 것은?

보기

A. 압력에 대해 비압축성일 것
B. 밀도가 작을 것
C. 열팽창계수가 작을 것
D. 체적탄성계수가 작을 것
E. 점도지수가 낮을 것
F. 발화점이 높을 것
---

① A, B, C, D

② B, C, E, F

③ B, D, E, F

④ A, B, C, F

⊕해설 **유압유의 조건**
비압축성일 것, 밀도와 열팽창계수가 작을 것, 체적탄성계수가 클 것, 점도지수가 높을 것, 인화점 및 발화점이 높을 것

94 유압유의 첨가제가 아닌 것은?

① 마모 방지제

② 유동점 강하제

③ 산화 방지제

④ 점도지수 방지제

⊕해설 유압유 첨가제에는 마모 방지제, 점도지수 향상제, 산화방지제, 소포제(기포방지제), 유동점 강하제 등이 있다.

95 금속사이의 마찰을 방지하기 위한 방안으로 마찰계수를 저하시키기 위하여 사용되는 첨가제는?

① 유동점 강하제

② 유성향상제

③ 점도지수 향상제

④ 방청제

⊕해설 유성향상제는 금속 사이의 마찰을 방지하기 위한 방안으로 마찰계수를 저하시키기 위하여 사용되는 첨가제이다.

96 유압 작동유에 수분이 미치는 영향이 아닌 것은?

① 작동유의 윤활성을 저하시킨다.
② 작동유의 방청성을 저하시킨다.
③ 작동유의 산화와 열화를 촉진시킨다.
④ 작동유의 내마모성을 향상시킨다.

⊙해설 유압유에 수분이 혼입되면 윤활성, 방청성, 내마모성을 저하시키고, 산화와 열화를 촉진시킨다.

97 현장에서 오일의 오염도 판정방법 중 가열한 철판 위에 오일을 떨어뜨리는 방법은 오일의 무엇을 판정하기 위한 방법인가?

① 먼지나 이물질 함유
② 오일의 열화
③ 수분함유
④ 산성도

⊙해설 가열한 철판 위에 오일을 떨어뜨리는 방법은 오일의 수분함유 여부를 판정하기 위한 방법이다.

98 현장에서 오일의 열화를 찾아내는 방법이 아닌 것은?

① 색깔의 변화나 수분, 침전물의 유무 확인
② 흔들었을 때 생기는 거품이 없어지는 양상확인
③ 자극적인 악취 유무확인
④ 오일을 가열하였을 때 냉각되는 시간 확인

⊙해설 작동유의 열화를 판정하는 방법은 점도상태, 색깔의 변화나 수분, 침전물의 유무, 자극적인 악취(냄새) 유무, 흔들었을 때 생기는 거품이 없어지는 양상 등이 있다.

99 유압유 교환을 판단하는 조건이 아닌 것은?

① 점도의 변화
② 색깔의 변화
③ 수분의 함량
④ 유량의 감소

⊙해설 유압유 교환조건은 점도의 변화, 색깔의 변화, 열화발생, 수분의 함량, 유압유의 변질 등이다.

100 유압회로에서 작동유의 정상작동 온도에 해당되는 것은?

① 125~140℃
② 40~80℃
③ 112~115℃
④ 5~10℃

⊙해설 작동유의 정상작동 온도범위는 40~80℃ 정도이다.

101 유압유(작동유)의 온도상승 원인에 해당하지 않는 것은?

① 작동유의 점도가 너무 높을 때
② 유압모터 내에서 내부마찰이 발생될 때
③ 유압회로 내의 작동압력이 너무 낮을 때
④ 유압회로 내에서 공동현상이 발생될 때

⊙해설 유압회로 내의 작동압력(유압)이 너무 높으면 유압장치의 열 발생 원인이 된다.

102 유압유 관내에 공기가 혼입되었을 때 일어날 수 있는 현상이 아닌 것은?

① 공동현상
② 기화현상
③ 열화현상
④ 숨 돌리기 현상

⊙해설 관로에 공기가 침입하면 실린더 숨 돌리기 현상, 열화촉진, 공동현상 등이 발생한다.

103 축압기(어큐뮬레이터)의 기능과 관계가 없는 것은?

① 충격압력 흡수
② 유압에너지 축적
③ 릴리프 밸브 제어
④ 유압펌프 맥동흡수

◉ 해설 축압기(어큐뮬레이터)의 기능(용도)은 압력보상, 체적변화 보상, 유압에너지 축적, 유압회로 보호, 맥동감쇠, 충격압력 흡수, 일정압력 유지, 보조 동력원으로 사용 등이다.

104 축압기의 종류 중 가스-오일방식이 아닌 것은?

① 스프링 하중 방식
② 피스톤 방식
③ 다이어프램 방식
④ 블래더 방식

◉ 해설 가스와 오일을 사용하는 축압기의 종류에는 피스톤 방식, 다이어프램 방식, 블래더 방식이 있다.

105 기체-오일방식 어큐뮬레이터에서 가장 많이 사용되는 가스는?

① 산소　　② 아세틸렌
③ 질소　　④ 이산화탄소

◉ 해설 가스형 축압기에는 질소가스를 주입한다.

106 유압유에 포함된 불순물을 제거하기 위해 유압펌프 흡입관에 설치하는 것은?

① 스트레이너
② 부스터
③ 공기청정기
④ 어큐뮬레이터

◉ 해설 스트레이너(strainer)는 유압펌프의 흡입관에 설치하는 여과기이다.

107 유압장치에서 오일냉각기(oil cooler)의 구비조건으로 틀린 것은?

① 촉매작용이 없을 것
② 오일 흐름에 저항이 클 것
③ 온도조정이 잘될 것
④ 정비 및 청소하기가 편리할 것

◉ 해설 오일냉각기의 구비조건은 촉매작용이 없을 것, 온도조정이 잘될 것, 정비 및 청소하기가 편리할 것, 오일 흐름에 저항이 적을 것 등이다.

108 유압장치에서 내구성이 강하고 작동 및 움직임이 있는 곳에 사용하기 적합한 호스는?

① 플렉시블 호스
② 구리 파이프
③ PVC 호스
④ 강 파이프

◉ 해설 플렉시블 호스는 내구성이 강하고 작동 및 움직임이 있는 곳에 사용하기 적합하다.

109 유압회로에서 호스의 노화현상이 아닌 것은?

① 호스의 표면에 갈라짐이 발생한 경우
② 코킹부분에서 오일이 누유되는 경우
③ 액추에이터의 작동이 원활하지 않을 경우
④ 정상적인 압력상태에서 호스가 파손될 경우

◉해설 호스의 노화현상이란 호스의 표면에 갈라짐(crack)이 발생한 경우, 호스의 탄성이 거의 없는 상태로 굳어 있는 경우, 정상적인 압력상태에서 호스가 파손될 경우, 코킹부분에서 오일이 누출되는 경우이다.

110 유압장치 운전 중 갑작스럽게 유압배관에서 오일이 분출되기 시작하였을 때 가장 먼저 운전자가 취해야 할 조치는?

① 작업 장치를 지면에 내리고 기관시동을 정지한다.
② 작업을 멈추고 배터리 선을 분리한다.
③ 오일이 분출되는 호스를 분리하고 플러그를 막는다.
④ 유압회로 내의 잔압을 제거한다.

◉해설 유압배관에서 오일이 분출되기 시작하면 가장 먼저 작업 장치를 지면에 내리고 기관 시동을 정지한다.

111 유압 작동부에서 오일이 새고 있을 때 일반적으로 먼저 점검하여야 하는 것은?

① 밸브(valve)
② 플런저(plunger)
③ 기어(gear)
④ 실(seal)

◉해설 유압 작동부분에서 오일이 누유되면 가장 먼저 실(seal)을 점검하여야 한다.

112 유압장치에 사용되는 오일 실(seal)의 종류 중 O-링이 갖추어야 할 조건은?

① 체결력이 작을 것
② 탄성이 양호하고, 압축변형이 적을 것
③ 작동 시 마모가 클 것
④ 오일의 입·출입이 가능할 것

◉해설 O-링은 탄성이 양호하고, 압축변형이 적어야 한다.

113 유압장치에서 피스톤 로드에 있는 먼지 또는 오염물질 등이 실린더 내로 혼입되는 것을 방지하는 것은?

① 필터
② 더스트 실
③ 밸브
④ 실린더 커버

◉해설 더스트 실은 피스톤 로드에 있는 먼지 또는 오염물질 등이 실린더 내로 혼입되는 것을 방지한다.

01 보호구를 선택할 때의 유의사항으로 틀린 것은?

① 작업행동에 방해되지 않을 것
② 사용목적에 구애받지 않을 것
③ 보호구 성능기준에 적합하고 보호성능이 보장될 것
④ 착용이 용이하고 크기 등 사용자에게 편리할 것

◉해설 보호구는 사용목적에 알맞은 것을 선택하여야 한다.

02 안전보호구가 아닌 것은?

① 안전모
② 안전화
③ 안전 가드레일
④ 안전장갑

◉해설 안전 가드레일은 안전시설이다.

03 작업 시 보안경 착용에 대한 설명으로 틀린 것은?

① 가스용접을 할 때는 보안경을 착용해야 한다.
② 절단하거나 깎는 작업을 할 때는 보안경을 착용해서는 안 된다.
③ 아크용접을 할 때는 보안경을 착용해야 한다.
④ 특수용접을 할 때는 보안경을 착용해야 한다.

◉해설 보안경을 사용하는 이유에는 유해약물의 침입을 막기 위하여, 비산되는 칩에 의한 부상을 막기 위하여, 유해광선으로부터 눈을 보호하기 위함 등이 있다.

04 사용구분에 따른 차광보안경의 종류에 해당하지 않는 것은?

① 자외선용
② 용접용
③ 적외선용
④ 비산방지용

◉해설 차광보안경의 종류에는 자외선용, 적외선용, 용접용, 복합용 보안경 등이 있다.

05 액체약품 취급 시 비산물로부터 눈을 보호하기 위한 보안경은?

① 고글형
② 프론트형
③ 일반형
④ 스펙타클형

◉해설 고글형은 액체약품을 취급할 때 비산물로부터 눈을 보호하기 위한 보안경이다.

06 안전모의 관리 및 착용방법으로 틀린 것은?

① 큰 충격을 받은 것은 사용을 피한다.
② 사용 후 뜨거운 스팀으로 소독하여야 한다.
③ 정해진 방법으로 착용하고 사용하여야 한다.
④ 통풍을 목적으로 모체에 구멍을 뚫어서는 안 된다.

◉해설 안전모는 사용 후 뜨거운 스팀으로 소독해서는 안 된다.

07 방진마스크를 착용해야 하는 작업장은?

① 온도가 낮은 작업장
② 분진이 많은 작업장
③ 산소가 결핍되기 쉬운 작업장
④ 소음이 심한 작업장

🔎**해설** 분진(먼지)이 발생하는 장소에서는 방진마스크를 착용하여야 한다.

08 감전되거나 전기화상을 입을 위험이 있는 곳에서 작업 시 작업자가 착용해야 할 것은?

① 구명구　　② 구명조끼
③ 보호구　　④ 비상벨

🔎**해설** 감전되거나 전기 화상을 입을 위험이 있는 작업장에서는 보호구를 착용하여야 한다.

09 중량물 운반 작업 시 착용하여야 할 안전화로 가장 적절한 것은?

① 중 작업용　　② 보통 작업용
③ 경 작업용　　④ 절연용

🔎**해설** 중량물 운반 작업을 할 때에는 중 작업용 안전화를 착용하여야 한다.

10 안전관리상 장갑을 끼고 작업할 경우 위험할 수 있는 것은?

① 해머작업　　② 줄 작업
③ 용접작업　　④ 판금작업

🔎**해설** 선반, 드릴 등의 절삭가공 및 해머작업을 할 때에는 장갑을 착용해서는 안 된다.

11 작업점 외에 직접 사람이 접촉하여 말려들거나 다칠 위험이 있는 장소를 덮어씌우는 방호장치는?

① 격리형 방호장치
② 위치 제한형 방호장치
③ 포집형 방호장치
④ 접근 거부형 방호장치

🔎**해설** 격리형 방호장치는 작업점 외에 직접 사람이 접촉하여 말려들거나 다칠 위험이 있는 장소를 덮어씌우는 방호장치 방법이다.

12 리프트(lift)의 방호장치가 아닌 것은?

① 해지장치
② 출입문 인터록
③ 권과 방지장치
④ 과부하 방지장치

🔎**해설** 리프트(lift)의 방호장치에는 출입문 인터록, 권과 방지장치, 과부하 방지장치, 비상정지장치, 조작반에 잠금장치 설치 등이 있다.

13 방호장치 및 방호조치에 대한 설명으로 틀린 것은?

① 충전회로 인근에서 차량, 기계장치 등의 작업이 있는 경우 충전부로부터 3m 이상 이격시킨다.
② 지반 붕괴의 위험이 있는 경우 흙막이 지보공 및 방호망을 설치해야 한다.
③ 발파작업 시 피난장소는 좌우측을 견고하게 방호한다.
④ 직접 접촉이 가능한 벨트에는 덮개를 설치해야 한다.

🔎**해설** 발파작업을 할 때에는 피난장소는 앞쪽을 견고하게 방호한다.

14 전기기기에 의한 감전 사고를 막기 위하여 필요한 설비로 가장 중요한 것은?

① 접지설비
② 방폭등 설비
③ 고압계 설비
④ 대지전위 상승설비

⊕해설 전기 기기에 의한 감전 사고를 막기 위해서는 접지설비를 하여야 한다.

15 전기 감전위험이 생기는 경우로 가장 거리가 먼 것은?

① 몸에 땀이 배어 있을 때
② 옷이 비에 젖어 있을 때
③ 앞치마를 하지 않았을 때
④ 발밑에 물이 있을 때

⊕해설 감전은 몸에 땀이 배어 있을 때, 옷이 비에 젖어 있을 때, 발밑에 물이 있을 때 발생하기 쉽다.

16 안전장치 선정 시의 고려사항에 해당되지 않는 것은?

① 위험부분에는 안전방호 장치가 설치되어 있을 것
② 강도나 기능 면에서 신뢰도가 클 것
③ 작업하기에 불편하지 않은 구조일 것
④ 안전장치 기능 제거를 용이하게 할 것

⊕해설 안전장치의 기능을 제거해서는 안 된다.

17 안전한 작업을 하기 위하여 작업복을 선정할 때의 유의사항이 아닌 것은?

① 화기사용 장소에서 방염성·불연성의 것을 사용하도록 한다.
② 착용자의 취미·기호 등에 중점을 두고 선정한다.
③ 작업복은 몸에 맞고 동작이 편하도록 제작한다.
④ 상의의 소매나 바지자락 끝 부분이 안전하고 작업하기 편리하게 잘 처리된 것을 선정한다.

⊕해설 작업복은 몸에 맞고 동작이 편한 것을 선정한다.

18 납산배터리 액체를 취급할 때 가장 적합한 것은?

① 고무로 만든 옷
② 가죽으로 만든 옷
③ 무명으로 만든 옷
④ 화학섬유로 만든 옷

⊕해설 납산배터리 액체(전해액)를 취급할 때에는 고무로 만든 옷을 착용한다.

19 유해한 작업환경요소가 아닌 것은?

① 화재나 폭발의 원인이 되는 환경
② 신선한 공기가 공급되도록 환풍장치 등의 설비
③ 소화기와 호흡기를 통하여 흡수되어 건강장애를 일으키는 물질
④ 피부나 눈에 접촉하여 자극을 주는 물질

⊕해설 유해한 작업환경요소에는 화재나 폭발의 원인이 되는 환경, 소화기와 호흡기를 통하여 흡수되어 건강장애를 일으키는 물질, 피부나 눈에 접촉하여 자극을 주는 물질 등이 있다.

20 [보기]는 재해발생 시 조치요령이다. 조치 순서로 가장 적합하게 이루어진 것은?

> **보기**
> A. 운전정지
> B. 관련된 또 다른 재해방지
> C. 피해자 구조
> D. 응급처치

① A → B → C → D
② C → B → D → A
③ C → D → A → B
④ A → C → D → B

🔁 **해설** 재해가 발생하였을 때 조치순서는 운전정지 → 피해자 구조 → 응급처치 → 2차 재해방지이다.

21 안전·보건표지의 구분에 해당하지 않는 것은?

① 금지표지　　② 성능표지
③ 지시표지　　④ 안내표지

🔁 **해설** 안전표지의 종류에는 금지표지, 경고표지, 지시표지, 안내표지가 있다.

22 안전·보건표지의 종류별 용도, 사용 장소, 형태 및 색채에서 바탕은 흰색, 기본모형은 빨간색, 관련부호 및 그림은 검정색으로 된 표지는?

① 보조표지　　② 지시표지
③ 주의표지　　④ 금지표지

🔁 **해설** 금지표지는 바탕은 흰색, 기본모형은 빨간색, 관련부호 및 그림은 검정색으로 되어 있다.

23 그림과 같은 안전표지판이 나타내는 것은?

① 비상구
② 출입금지
③ 인화성 물질경고
④ 보안경 착용

24 산업안전 보건표지에서 그림이 나타내는 것은?

① 비상구 없음 표지
② 방사선위험 표지
③ 탑승금지 표지
④ 보행금지 표지

25 안전·보건표지의 종류와 형태에서 그림의 표지로 맞는 것은?

① 차량통행금지
② 사용금지
③ 탑승금지
④ 물체이동금지

26 안전·보건표지의 종류와 형태에서 그림의 안전표지판이 나타내는 것은?

① 사용금지
② 탑승금지
③ 보행금지
④ 물체이동금지

27 산업안전보건표지의 종류에서 경고표시에 해당되지 않는 것은?

① 방독면착용
② 인화성물질경고
③ 폭발물경고
④ 저온경고

◈해설 경고표지의 종류에는 인화성물질경고, 산화성물질경고, 폭발성물질경고, 급성독성물질경고, 부식성물질경고, 유해물질경고, 방사성물질경고, 고압전기경고, 매달린물체경고, 낙하물경고, 고온경고, 저온경고, 몸균형상실경고, 레이저광선경고, 위험장소경고 등이 있다.

28 산업안전보건법령상 안전·보건표지의 종류 중 다음 그림에 해당하는 것은?

① 산화성물질경고
② 인화성물질경고
③ 폭발성물질경고
④ 급성독성물질경고

29 산업안전보건표지에서 그림이 표시하는 것으로 맞는 것은?

① 독극물경고　② 폭발물경고
③ 고압전기경고　④ 낙하물경고

30 안전·보건표지의 종류와 형태에서 그림의 안전표지판이 나타내는 것은?

① 폭발물경고
② 매달린 물체경고
③ 몸 균형상실경고
④ 방화성 물질경고

31 보안경 착용, 방독마스크 착용, 방진마스크 착용, 안전모자 착용, 귀마개 착용 등을 나타내는 표지의 종류는?

① 금지표지　　② 지시표지
③ 안내표지　　④ 경고표지

◈해설 지시표지에는 보안경 착용, 방독마스크 착용, 방지마스크 착용, 보안면 착용, 안전모 착용, 귀마개 착용, 안전화 착용, 안전장갑 착용, 안전복 착용 등이 있다.

32 그림은 안전표지의 어떠한 내용을 나타내는가?

① 지시표지　　② 금지표지
③ 경고표지　　④ 안내표지

33 안전·보건표지의 종류와 형태에서 그림의 표지로 맞는 것은?

① 안전복 착용　② 안전모 착용
③ 보안경 착용　④ 출입금지

34 안전표지의 종류 중 안내표지에 속하지 않는 것은?

① 녹십자 표지　② 응급구호 표지
③ 비상구 표지　④ 출입금지 표지

⊕해설 안내표지에는 녹십자 표지, 응급구호 표지, 들 것 표지, 세안장치 표지, 비상구 표지가 있다.

35 안전·보건표지의 종류와 형태에서 그림의 표지로 맞는 것은?

① 비상구 표지
② 안전제일 표지
③ 응급구호 표지
④ 들것 표지

36 안전표시 중 응급치료소, 응급처치용 장비를 표시하는 데 사용하는 색은?

① 황색과 흑색　② 적색
③ 흑색과 백색　④ 녹색

⊕해설 응급치료소, 응급처치용 장비를 표시하는 데 사용하는 색은 녹색이다.

37 산업안전보건법령상 안전·보건표지에서 색채와 용도가 다르게 짝지어진 것은?

① 파란색 – 지시
② 녹색 – 안내
③ 노란색 – 위험
④ 빨간색 – 금지, 경고

⊕해설 노란색은 충돌, 추락, 전도 및 그 밖의 비슷한 사고의 방지를 위해 물리적 위험성(주의표시)을 나타낸다.

38 화재에 대한 설명으로 틀린 것은?

① 화재가 발생하기 위해서는 가연성 물질, 산소, 발화원이 반드시 필요하다.
② 가연성 가스에 의한 화재를 D급 화재라 한다.
③ 전기 에너지가 발화원이 되는 화재를 C급 화재라 한다.
④ 화재는 어떤 물질이 산소와 결합하여 연소하면서 열을 방출시키는 산화반응을 말한다.

⊕해설 유류 및 가연성 가스에 의한 화재를 B급 화재라 한다.

39 화재가 발생하기 위해서는 3가지 요소가 있는데 모두 맞는 것으로 연결된 것은?

① 가연성 물질 – 점화원 – 산소
② 산화물질 – 소화원 – 산소
③ 산화물질 – 점화원 – 질소
④ 가연성 물질 – 소화원 – 산소

⊕해설 화재가 발생하기 위해서는 가연성 물질, 산소, 점화원(발화원)이 반드시 필요하다.

40 연소조건에 대한 설명으로 틀린 것은?

① 산화되기 쉬운 것일수록 타기 쉽다.
② 열전도율이 적은 것일수록 타기 쉽다.
③ 발열량이 적은 것일수록 타기 쉽다.
④ 산소와의 접촉면이 클수록 타기 쉽다.

⊙해설 산화되기 쉬운 것일수록, 열전도율이 적은 것일수록, 발열량이 큰 것일수록, 산소와의 접촉면이 클수록 타기 쉽다.

41 자연발화가 일어나기 쉬운 조건으로 틀린 것은?

① 발열량이 클 때
② 주위온도가 높을 때
③ 착화점이 낮을 때
④ 표면적이 작을 때

⊙해설 자연발화는 발열량이 클 때, 주위온도가 높을 때, 착화점이 낮을 때 일어나기 쉽다.

42 소화설비 선택 시 고려하여야 할 사항이 아닌 것은?

① 작업의 성질
② 작업자의 성격
③ 화재의 성질
④ 작업장의 환경

⊙해설 소화설비를 선택할 때에는 작업의 성질, 화재의 성질, 작업장의 환경 등을 고려하여야 한다.

43 소화설비를 설명한 내용으로 맞지 않는 것은?

① 포말소화 설비는 저온 압축한 질소가스를 방사시켜 화재를 진화한다.
② 분말소화 설비는 미세한 분말 소화제를 화염에 방사시켜 진화시킨다.
③ 물 분무 소화설비는 연소물의 온도를 인화점 이하로 냉각시키는 효과가 있다.
④ 이산화탄소 소화설비는 질식작용에 의해 화염을 진화시킨다.

⊙해설 포말 소화기는 외통용기에 탄산수소니트륨, 내통용기에 황산알루미늄을 물에 용해해서 충전하고, 사용할 때는 양 용기의 약제가 화합되어 탄산가스가 발생하며, 거품을 발생시켜 방사하는 것이며 A,B급 화재에 적합하다.

44 목재·종이 및 석탄 등 일반 가연물의 화재는 어떤 화재로 분류하는가?

① A급 화재   ② B급 화재
③ C급 화재   ④ D급 화재

⊙해설 **화재의 분류**
• A급 화재 : 나무, 석탄 등 연소 후 재를 남기는 일반화재
• B급 화재 : 휘발유, 벤젠 등 유류화재
• C급 화재 : 전기화재
• D급 화재 : 금속화재

45 유류화재 시 소화방법으로 부적절한 것은?

① 모래를 뿌린다.
② 다량의 물을 부어 끈다.
③ ABC소화기를 사용한다.
④ B급 화재소화기를 사용한다.

⊙해설 유류(기름)화재를 소화할 때 물을 뿌려서는 안 된다.

46 금속나트륨이나 금속칼륨 화재의 소화재로 가장 적합한 것은?

① 물
② 포소화기
③ 건조사
④ 이산화탄소 소화기

⊕해설 D급 화재(금속화재)는 금속나트륨 등의 화재로 일반적으로 건조사를 이용한 질식효과로 소화한다.

47 소화 작업의 기본요소가 아닌 것은?

① 가연물질을 제거하면 된다.
② 산소를 차단하면 된다.
③ 점화원을 제거시키면 된다.
④ 연료를 기화시키면 된다.

⊕해설 소화 작업의 기본요소는 가연물질 제거, 산소 공급 차단, 점화원 제거이다.

48 화재발생 시 초기진화를 위해 소화기를 사용하고자 할 때, 다음 [보기]에서 소화기 사용방법에 따른 순서로 맞는 것은?

> **보기**
> A. 안전핀을 뽑는다.
> B. 안전핀 걸림 장치를 제거한다.
> C. 손잡이를 움켜잡아 분사한다.
> D. 노즐을 불이 있는 곳으로 향하게 한다.

① A → B → C → D
② C → A → B → D
③ D → B → C → A
④ B → A → D → C

⊕해설 **소화기의 사용 순서**
안전핀 걸림 장치를 제거한다 → 안전핀을 뽑는다 → 노즐을 불이 있는 곳으로 향하게 한다 → 손잡이를 움켜잡아 분사한다.

49 화재발생 시 소화기를 사용하여 소화 작업을 할 때 올바른 방법은?

① 바람을 안고 우측에서 좌측을 향해 실시한다.
② 바람을 등지고 좌측에서 우측을 향해 실시한다.
③ 바람을 안고 아래쪽에서 위쪽을 향해 실시한다.
④ 바람을 등지고 위쪽에서 아래쪽을 향해 실시한다.

⊕해설 소화기를 사용하여 소화 작업을 할 경우에는 바람을 등지고 위쪽에서 아래쪽을 향해 실시한다.

50 건설기계에 비치할 가장 적합한 종류의 소화기는?

① 포말소화기
② 포말B 소화기
③ ABC소화기
④ A급 화재소화기

⊕해설 건설기계에는 ABC소화기를 비치하여야 한다.

51 전기화재에 적합하며 화재 때 화점에 분사하는 소화기로 산소를 차단하는 소화기는?

① 포말소화기
② 이산화탄소 소화기
③ 분말소화기
④ 증발소화기

⊕해설 이산화탄소 소화기는 유류와 전기화재 모두 적용이 가능하나 산소차단(질식작용)에 의해 화염을 진화하기 때문에 실내에서 사용할 때는 특히 주의를 기울여야 한다.

52 화재 및 폭발의 우려가 있는 가스발생장치 작업장에서 지켜야 할 사항으로 맞지 않는 것은?

① 불연성 재료의 사용금지
② 화기의 사용금지
③ 인화성 물질 사용금지
④ 점화의 원인이 될 수 있는 기계 사용 금지

⊕해설 가스발생장치 작업장에서는 가연성 재료의 사용금지이다.

53 가연성 가스저장실에서의 안전사항으로 옳은 것은?

① 기름걸레를 가스통 사이에 끼워 충격을 적게 한다.
② 조명은 백열등으로 하고 실내에 스위치를 설치한다.
③ 담뱃불을 가지고 출입한다.
④ 휴대용 전등을 사용한다.

⊕해설 가연성 가스저장실에서는 휴대용 전등을 사용한다.

54 화재발생으로 부득이 화염이 있는 곳을 통과할 때의 요령으로 틀린 것은?

① 몸을 낮게 엎드려서 통과한다.
② 물수건으로 입을 막고 통과한다.
③ 머리카락, 얼굴, 발, 손 등을 불과 닿지 않게 한다.
④ 뜨거운 김은 입으로 마시면서 통과한다.

⊕해설 화염이 있는 곳을 통과할 때에는 몸을 낮게 엎드려서 통과하고, 물수건으로 입을 막고 통과하며, 머리카락, 얼굴, 발, 손 등을 불과 닿지 않게 하고, 뜨거운 김을 마시지 않도록 한다.

55 소화하기 힘든 정도로 화재가 진행된 현장에서 제일 먼저 취하여야 할 조치로 가장 올바른 것은?

① 소화기 사용
② 화재신고
③ 인명구조
④ 경찰서에 신고

⊕해설 화재현장에서 가장 먼저 인명을 구조한다.

56 화상을 입었을 때 응급조치로 가장 적합한 것은?

① 옥도정기를 바른다.
② 메틸알코올에 담근다.
③ 아연화연고를 바르고 붕대를 감는다.
④ 찬물에 담갔다가 아연화연고를 바른다.

⊕해설 화상을 입었을 때 찬물에 담갔다가 아연화연고를 바른다.

57 양중기에 해당되지 않는 것은?

① 곤돌라
② 크레인
③ 리프트
④ 지게차

⊕해설 양중기에 해당되는 것은 크레인(호이스트 포함), 이동식 크레인, 리프트, 곤돌라, 승강기이다.

58 운반 작업을 하는 작업장의 통로에서 통과 우선순위로 가장 적당한 것은?

① 짐차 → 빈차 → 사람
② 빈차 → 짐차 → 사람
③ 사람 → 짐차 → 빈차
④ 사람 → 빈차 → 짐차

⊕해설 운반 작업을 하는 작업장의 통로에서 통과 우선순위는 짐차 → 빈차 → 사람이다.

59 작업장에서 공동 작업으로 물건을 들어 이동할 때 잘못된 것은?

① 힘의 균형을 유지하여 이동할 것
② 불안전한 물건은 드는 방법에 주의할 것
③ 보조를 맞추어 들도록 할 것
④ 운반도중 상대방에게 무리하게 힘을 가할 것

⊕해설 운반도중 상대방에게 무리하게 힘을 가해서는 안 된다.

60 중량물 운반에 대한 설명으로 틀린 것은?

① 무거운 물건을 운반할 경우 주위사람에게 인지하게 한다.
② 흔들리는 중량물은 사람이 붙잡아서 이동한다.
③ 규정용량을 초과하여 운반하지 않는다.
④ 무거운 물건을 상승시킨 채 오랫동안 방치하지 않는다.

⊕해설 흔들리는 중량물을 사람이 붙잡고 이동해서는 안 된다.

61 위험한 작업을 할 때 작업자에게 필요한 조치로 가장 적절한 것은?

① 작업이 끝난 후 즉시 알려 주어야 한다.
② 공청회를 통해 알려 주어야 한다.
③ 작업 전 미리 작업자에게 이를 알려 주어야 한다.
④ 작업하고 있을 때 작업자에게 알려 주어야 한다.

⊕해설 위험한 작업을 할 때에는 작업 전에 미리 작업자에게 이를 알려 주어야 한다.

62 작업장에 대한 안전관리상 설명으로 틀린 것은?

① 항상 청결하게 유지한다.
② 작업대 사이 또는 기계사이의 통로는 안전을 위한 일정한 너비가 필요하다.
③ 공장바닥은 폐유를 뿌려, 먼지가 일어나지 않도록 한다.
④ 전원 콘센트 및 스위치 등에 물을 뿌리지 않는다.

⊕해설 공장바닥에는 물이나 폐유를 뿌려서는 안 된다.

63 작업 시 준수해야 할 안전사항으로 틀린 것은?

① 대형물건의 기중작업 시 신호 확인을 철저히 할 것
② 고장인 기기에는 표시를 해 둘 것
③ 정전 시에는 반드시 전원을 차단할 것
④ 자리를 비울 때 장비 작동은 자동으로 할 것

⊕해설 자리를 비울 때 장비 작동을 정지시켜야 한다.

64 작업장의 사다리식 통로를 설치하는 관련 법상 틀린 것은?

① 견고한 구조로 할 것
② 발판의 간격은 일정하게 할 것
③ 사다리가 넘어지거나 미끄러지는 것을 방지하기 위한 조치를 할 것
④ 사다리식 통로의 길이가 10m 이상일 때에는 접이식으로 설치할 것

⊕해설 사다리식 통로의 길이가 10m 이상인 경우에는 5m 이내마다 계단참을 설치할 것

77

65 작업장 정리정돈에 대한 설명으로 틀린 것은?

① 사용이 끝난 공구는 즉시 정리한다.
② 공구 및 재료는 일정한 장소에 보관한다.
③ 폐자재는 지정된 장소에 보관한다.
④ 통로 한쪽에 물건을 보관한다.

해설 통로 한쪽에 물건을 보관해서는 안 된다.

66 작업장에서 전기가 예고 없이 정전되었을 경우 전기로 작동하던 기계·기구의 조치 방법으로 가장 적합하지 않은 것은?

① 즉시 스위치를 끈다.
② 안전을 위해 작업장을 정리해 놓는다.
③ 퓨즈의 단락 유무를 검사한다.
④ 전기가 들어오는 것을 알기 위해 스위치를 켜둔다.

해설 정전이 되었을 경우에는 스위치를 OFF시켜두어야 한다.

67 정비작업 시 안전에 가장 위배되는 것은?

① 깨끗하고 먼지가 없는 작업환경을 조성한다.
② 회전부분에 옷이나 손이 닿지 않도록 한다.
③ 연료를 채운 상태에서 연료통을 용접한다.
④ 가연성 물질을 취급 시 소화기를 준비한다.

해설 연료탱크는 폭발할 우려가 있으므로 용접을 해서는 안 된다.

68 밀폐된 공간에서 엔진을 가동할 때 가장 주의하여야 할 사항은?

① 소음으로 인한 추락
② 배출가스 중독
③ 진동으로 인한 직업병
④ 작업시간

해설 밀폐된 공간에서 엔진을 가동할 때에는 배출가스 중독에 주의하여야 한다.

69 건설기계 작업 후 점검사항으로 거리가 먼 것은?

① 파이프나 실린더의 누유를 점검한다.
② 작동 시 필요한 소모품의 상태를 점검한다.
③ 겨울철엔 가급적 연료탱크를 가득 채운다.
④ 다음날 계속 작업하므로 건설기계의 내·외부는 그대로 둔다.

해설 작업 후에는 건설기계의 내·외부를 청소하여야 한다.

70 유압장치 작동 시 안전 및 유의사항으로 틀린 것은?

① 규정의 오일을 사용한다.
② 냉간 시에는 난기운전 후 작업한다.
③ 작동 중 이상소음이 생기면 작업을 중단한다.
④ 오일이 부족하면 종류가 다른 오일이라도 보충한다.

해설 오일이 부족할 때 종류가 다른 오일을 보충하면 열화가 발생할 수 있다.

71 세척작업 중 알칼리 또는 산성 세척유가 눈에 들어갔을 경우 가장 먼저 조치하여야 하는 응급처치는?

① 수돗물로 씻어낸다.
② 눈을 크게 뜨고 바람이 부는 쪽을 향해 눈물을 흘린다.
③ 알칼리성 세척유가 눈에 들어가면 붕산수를 구입하여 중화시킨다.
④ 산성 세척유가 눈에 들어가면 병원으로 후송하여 알칼리성으로 중화시킨다.

⊕해설 세척유가 눈에 들어갔을 경우에는 가장 먼저 수돗물로 씻어낸다.

72 유지보수 작업의 안전에 대한 설명 중 잘못된 것은?

① 기계는 분해하기 쉬워야 한다.
② 보전용 통로는 없어도 가능하다.
③ 기계의 부품은 교환이 용이해야 한다.
④ 작업 조건에 맞는 기계여야 한다.

⊕해설 유지보수 작업을 할 때에는 보전용 통로가 있어야 한다.

73 기어, 벨트, 체인과 같은 기계의 회전부분에 덮개를 설치하는 이유는?

① 좋은 품질의 제품을 얻기 위하여
② 회전부분의 속도를 높이기 위하여
③ 제품의 제작과정을 숨기기 위하여
④ 회전부분과 신체의 접촉을 방지하기 위하여

⊕해설 기계의 회전부분에 덮개를 설치하는 이유는 회전부분과 신체의 접촉을 방지하기 위함이다.

74 벨트 전동장치에 내재된 위험적 요소로 의미가 다른 것은?

① 트랩　　② 충격
③ 접촉　　④ 말림

⊕해설 벨트 전동장치에 내재된 위험적 요소는 트랩, 접촉, 말림이다.

75 구동벨트를 점검할 때 기관의 상태는?

① 공회전 상태　　② 정지 상태
③ 급가속 상태　　④ 급감속 상태

⊕해설 벨트를 점검하거나 교체할 때에는 반드시 기관의 회전이 정지된 상태에서 해야 한다.

76 기계장치의 안전관리를 위해 정지 상태에서 점검하는 사항이 아닌 것은?

① 볼트, 너트의 헐거움
② 벨트 장력상태
③ 장치의 외관상태
④ 이상소음 및 진동상태

⊕해설 이상소음 및 진동상태 및 클러치의 작동 상태 등은 기계를 가동시킨 상태에서 점검한다.

77 기계시설의 안전 유의사항에 맞지 않는 것은?

① 회전부분(기어, 벨트, 체인) 등은 위험하므로 반드시 커버를 씌워둔다.
② 발전기, 용접기, 엔진 등의 장비는 한 곳에 모아서 배치한다.
③ 작업장의 통로는 근로자가 안전하게 다닐 수 있도록 정리정돈을 한다.
④ 작업장의 바닥은 보행에 지장을 주지 않도록 청결하게 유지한다.

⊕해설 발전기, 용접기, 엔진 등 소음이 나는 장비는 분산시켜 배치한다.

78 기계취급에 관한 안전수칙 중 잘못된 것은?

① 기계운전 중에는 자리를 지킨다.
② 기계의 청소는 작동 중에 수시로 한다.
③ 기계운전 중 정전 시에는 즉시 주 스위치를 끈다.
④ 기계공장에서는 반드시 작업복과 안전화를 착용한다.

🔘 해설 기계의 청소는 작업이 끝난 후에 하여야 한다.

79 동력공구 사용 시 주의사항으로 틀린 것은?

① 보호구는 안 해도 무방하다.
② 에어 그라인더는 회전수에 유의한다.
③ 규정공기 압력을 유지한다.
④ 압축공기 중의 수분을 제거하여 준다.

🔘 해설 동력공구를 사용할 때에는 반드시 보호구를 착용하여야 한다.

80 공기기구 사용 작업에서 적당하지 않은 것은?

① 공기기구의 섭동부위에 윤활유를 주유하면 안 된다.
② 규정에 맞는 토크를 유지하면서 작업한다.
③ 공기를 공급하는 고무호스가 꺾이지 않도록 한다.
④ 공기기구의 반동으로 생길 수 있는 사고를 미연에 방지한다.

🔘 해설 공기기구의 섭동(미끄럼운동) 부위에 윤활유를 주유하여야 한다.

81 수공구를 사용할 때 유의사항으로 맞지 않는 것은?

① 무리한 공구 취급을 금한다.
② 토크렌치는 볼트를 풀 때 사용한다.
③ 수공구는 사용법을 숙지하여 사용한다.
④ 공구를 사용하고 나면 일정한 장소에 관리 보관한다.

🔘 해설 토크렌치는 볼트 및 너트를 조일 때 규정 토크로 조이기 위하여 사용한다.

82 정비작업에서 공구의 사용법에 대한 내용으로 틀린 것은?

① 스패너의 자루가 짧다고 느낄 때는 반드시 둥근 파이프로 연결할 것
② 스패너를 사용할 때는 앞으로 당길 것
③ 스패너는 조금씩 돌리며 사용할 것
④ 파이프 렌치는 반드시 둥근 물체에만 사용할 것

🔘 해설 스패너의 자루가 짧다고 느낄 때 파이프 등의 연장대를 사용해서는 안 된다.

83 스패너 작업방법으로 옳은 것은?

① 스패너로 볼트를 죌 때는 앞으로 당기고 풀 때는 뒤로 민다.
② 스패너의 입이 너트의 치수보다 조금 큰 것을 사용한다.
③ 스패너 사용 시 몸의 중심을 항상 옆으로 한다.
④ 스패너로 죄고 풀 때는 항상 앞으로 당긴다.

🔘 해설 스패너로 볼트나 너트를 죄고 풀 때는 항상 앞으로 당긴다.

84 6각 볼트·너트를 조이고 풀 때 가장 적합한 공구는?

① 바이스   ② 플라이어
③ 드라이버   ④ 복스렌치

⊕해설 6각 볼트·너트를 조이고 풀 때 가장 적합한 공구는 복스렌치이다.

85 복스렌치가 오픈엔드렌치보다 비교적 많이 사용되는 이유로 옳은 것은?

① 두 개를 한 번에 조일 수 있다.
② 마모율이 적고 가격이 저렴하다.
③ 다양한 크기의 볼트와 너트를 사용할 수 있다.
④ 볼트와 너트 주위를 감싸 힘의 균형 때문에 미끄러지지 않는다.

⊕해설 복스렌치가 오픈엔드렌치보다 비교적 많이 사용되는 이유는 볼트와 너트 주위를 감싸 힘의 균형 때문에 미끄러지지 않기 때문이다.

86 볼트·너트를 가장 안전하게 조이거나 풀 수 있는 공구는?

① 파이프 렌치   ② 스패너
③ 6각 소켓렌치   ④ 조정렌치

⊕해설 소켓렌치가 볼트·너트를 가장 안전하게 조이거나 풀 수 있다.

87 토크렌치 사용방법으로 올바른 것은?

① 핸들을 잡고 밀면서 사용한다.
② 토크 증대를 위해 손잡이에 파이프를 끼워서 사용하는 것이 좋다.
③ 게이지에 관계없이 볼트 및 너트를 조이면 된다.
④ 볼트나 너트 조임력을 규정 값에 정확히 맞도록 하기 위해 사용한다.

⊕해설 **토크렌치 사용방법**
• 볼트나 너트 조임력을 규정 값에 정확히 맞도록 하기 위해 사용한다.
• 핸들을 잡고 당기면서 사용한다.
• 토크증대를 위해 손잡이에 파이프를 끼우고 사용해서는 안 된다.
• 게이지를 보면서 볼트 및 너트를 조인다.

88 해머작업 시 틀린 것은?

① 장갑을 끼지 않는다.
② 작업에 알맞은 무게의 해머를 사용한다.
③ 해머는 처음부터 힘차게 때린다.
④ 자루가 단단한 것을 사용한다.

⊕해설 타격할 때 처음과 마지막에 힘을 많이 가하지 말아야 한다.

89 드라이버 사용 시 주의할 점으로 틀린 것은?

① 규격에 맞는 드라이버를 사용한다.
② 드라이버는 지렛대 대신으로 사용하지 않는다.
③ 클립이 있는 드라이버는 옷에 걸고 다녀도 무방하다.
④ 잘 풀리지 않는 나사는 플라이어를 이용하여 강제로 뺀다.

⊕해설 잘 풀리지 않는 나사를 플라이어를 이용하여 강제로 빼면 나사머리 부분이 손상되기 쉽다.

90 정(chisel) 작업 시 안전수칙으로 부적합한 것은?

① 담금질한 재료를 정으로 타격해서는 안 된다.
② 기름을 깨끗이 닦은 후에 사용한다.
③ 머리가 벗겨진 것은 사용하지 않는다.
④ 차광안경을 착용한다.

☞해설 정 작업을 할 때에는 보안경을 착용하여야 한다.

91 마이크로미터를 보관하는 방법으로 틀린 것은?

① 습기가 없는 곳에 보관한다.
② 직사광선에 노출되지 않도록 한다.
③ 앤빌과 스핀들을 밀착시켜 둔다.
④ 측정부분이 손상되지 않도록 보관함에 보관한다.

☞해설 마이크로미터를 보관할 때 앤빌과 스핀들을 밀착시켜서는 안 된다.

92 드릴작업 시 주의사항으로 틀린 것은?

① 작업이 끝나면 드릴을 척에서 빼놓는다.
② 칩을 털어낼 때는 칩 털이를 사용한다.
③ 공작물은 움직이지 않게 고정한다.
④ 드릴이 움직일 때는 칩을 손으로 치운다.

☞해설 칩은 작업이 끝난 후 솔로 치워야 한다.

93 연삭작업 시 주의사항으로 틀린 것은?

① 숫돌 측면을 사용하지 않는다.
② 작업은 반드시 보안경을 쓰고 작업한다.
③ 연삭작업은 숫돌 차의 정면에 서서 작업한다.
④ 연삭숫돌에 일감을 세게 눌러 작업하지 않는다.

☞해설 연삭작업은 숫돌 차의 측면에 서서 작업한다.

94 전등의 스위치가 옥내에 있으면 안 되는 것은?

① 카바이드 저장소
② 건설기계 차고
③ 공구창고
④ 절삭유 저장소

☞해설 카바이드에서는 아세틸렌가스가 발생하므로 전등 스위치가 옥내에 있으면 안 된다.

95 산소가스 용기의 도색으로 맞는 것은?

① 녹색　　　　② 노란색
③ 흰색　　　　④ 갈색

☞해설 산소용기의 도색은 녹색이다.

96 가스누설 검사에 가장 좋고 안전한 것은?

① 아세톤　　② 순수한 물
③ 성냥불　　④ 비눗물

97 가스용접의 안전사항으로 적절하지 않은 것은?

① 토치에 점화시킬 때에는 산소 밸브를 먼저 열고 다음에 아세틸렌 밸브를 연다.
② 산소누설 시험에는 비눗물을 사용한다.
③ 토치 끝으로 용접물의 위치를 바꾸면 안 된다.
④ 용접가스를 들이 마시지 않도록 한다.

⊕ 해설 토치에 점화시킬 때에는 아세틸렌 밸브를 먼저 열고 점화시킨 다음에 산소 밸브를 연다.

98 가스용접 시 사용하는 봄베의 안전수칙으로 틀린 것은?

① 봄베를 넘어뜨리지 않는다.
② 봄베를 던지지 않는다.
③ 산소 봄베는 40℃ 이하에서 보관한다.
④ 봄베 몸통에는 녹슬지 않도록 그리스를 바른다.

⊕ 해설 봄베 몸통, 밸브, 조정기, 도관 등에 그리스를 발라서는 안 된다.

99 교류아크 용접기의 감전방지용 방호장치에 해당하는 것은?

① 2차 권선장치
② 자동전격방지기
③ 전류조절장치
④ 전자계전기

⊕ 해설 교류아크 용접기에 설치하는 방호장치는 자동전격방지기이다.

100 전기용접의 아크 빛으로 인해 눈이 혈안이 되고 눈이 붓는 경우가 있다. 이럴 때 응급조치 사항으로 가장 적절한 것은?

① 안약을 넣고 계속 작업한다.
② 눈을 잠시 감고 안정을 취한다.
③ 소금물로 눈을 세정한 후 작업한다.
④ 냉습포를 눈 위에 올려놓고 안정을 취한다.

⊕ 해설 전기용접의 아크 빛으로 인해 눈이 혈안이 되고 눈이 붓는 경우에는 냉습포를 눈 위에 올려놓고 안정을 취한다.

01 건설기계관리법의 입법목적에 해당되지 않는 것은?

① 건설기계의 효율적인 관리를 하기 위함
② 건설기계 안전도 확보를 위함
③ 건설기계의 규제 및 통제를 하기 위함
④ 건설공사의 기계화를 촉진함

⊕해설 건설기계관리법은 건설기계의 등록·검사·형식승인 및 건설기계사업과 건설기계조종사면허 등에 관한 사항을 정하여 건설기계를 효율적으로 관리하고 건설기계의 안전도를 확보하여 건설공사의 기계화를 촉진함을 목적으로 한다.

02 건설기계관리법상 건설기계의 정의를 가장 올바르게 한 것은?

① 건설공사에 사용할 수 있는 기계로서 대통령령이 정하는 것
② 건설현장에서 운행하는 장비로서 대통령령이 정하는 것
③ 건설공사에 사용할 수 있는 기계로서 국토교통부령이 정하는 것
④ 건설현장에서 운행하는 장비로서 국토교통부령이 정하는 것

⊕해설 건설기계란 건설공사에 사용할 수 있는 기계로서 대통령령으로 정하는 것을 말한다.

03 건설기계관리법에서 정의한 건설기계형식을 가장 옳은 것은?

① 엔진구조 및 성능을 말한다.
② 형식 및 규격을 말한다.
③ 성능 및 용량을 말한다.
④ 구조·규격 및 성능 등에 관하여 일정하게 정한 것을 말한다.

⊕해설 건설기계형식이란 건설기계이 구조·규격 및 성능 등에 관하여 일정하게 정한 것을 말한다.

04 건설기계 등록신청 시 첨부하지 않아도 되는 서류는?

① 호적등본
② 건설기계 소유자임을 증명하는 서류
③ 건설기계제작증
④ 건설기계제원표

⊕해설 **건설기계 등록신청 시 첨부서류**
• 해당 건설기계의 출처를 증명하는 서류
  – 국내에서 제작한 건설기계 : 건설기계제작증
  – 수입한 건설기계 : 수입면장 등 수입사실을 증명하는 서류
  – 행정기관으로부터 매수한 건설기계 : 매수증서
• 건설기계의 소유자임을 증명하는 서류
• 건설기계제원표
• 「자동차손해배상 보장법」에 따른 보험 또는 공제의 가입을 증명하는 서류

05 건설기계관리법상 건설기계의 등록신청은 누구에게 하여야 하는가?

① 사용본거지를 관할하는 읍·면장
② 사용본거지를 관할하는 시·도지사
③ 사용본거지를 관할하는 검사대행장
④ 사용본거지를 관할하는 경찰서장

⊕해설 건설기계를 등록하려는 건설기계의 소유자는 건설기계등록신청서에 건설기계소유자의 주소지 또는 건설기계의 사용본거지를 관할하는 특별시장·광역시장·도지사 또는 특별자치도지사(시·도지사)에게 제출하여야 한다.

06 건설기계관리법상 건설기계의 소유자는 건설기계를 취득한 날부터 얼마 이내에 건설기계 등록신청을 해야 하는가?

① 2월 이내   ② 3월 이내
③ 6월 이내   ④ 1년 이내

⊕해설 건설기계등록신청은 건설기계를 취득한 날(판매를 목적으로 수입된 건설기계의 경우에는 판매한 날을 말한다)부터 2월 이내에 하여야 한다. 다만, 전시·사변 기타 이에 준하는 국가비상사태하에 있어서는 5일 이내에 신청하여야 한다.

07 신개발 건설기계의 시험·연구목적 운행을 제외한 건설기계의 임시운행 기간은 며칠 이내인가?

① 5일   ② 10일
③ 15일   ④ 20일

⊕해설 임시운행기간은 15일 이내로 한다. 다만, 신개발 건설기계를 시험·연구의 목적으로 운행하는 경우에는 3년 이내로 한다.

08 건설기계의 소유자는 건설기계등록사항에 변경이 있을 때(전시·사변 기타 이에 준하는 비상사태 및 상속 시의 경우는 제외)에는 등록사항의 변경신고를 변경이 있는 날부터 며칠 이내에 하여야 하는가?

① 10일   ② 15일
③ 20일   ④ 30일

⊕해설 건설기계의 소유자는 건설기계등록사항에 변경(주소지 또는 사용본거지가 변경된 경우를 제외)이 있는 때에는 그 변경이 있는 날부터 30일(상속의 경우에는 상속개시일부터 6개월)이내에 건설기계등록사항변경신고서(전자문서로 된 신고서를 포함)에 서류(전자문서를 포함)를 첨부하여 등록을 한 시·도지사에게 제출하여야 한다. 다만, 전시·사변 기타 이에 준하는 국가비상사태하에 있어서는 5일 이내에 하여야 한다.

09 건설기계 소유자는 등록한 주소지 또는 사용본거지가 변경된 경우 어떤 신고를 해야 하는가?

① 등록사항 변경신고를 하여야 한다.
② 등록이전신고를 하여야 한다.
③ 건설기계소재지 변동신고를 한다.
④ 등록지의 변경 시에는 아무 신고도 하지 않는다.

⊕해설 **등록이전**
건설기계의 소유자는 등록한 주소지 또는 사용본거지가 변경된 경우(시·도간의 변경이 있는 경우)에는 그 변경이 있는 날부터 30일(상속의 경우에는 상속개시일부터 6개월) 이내에 건설기계등록이전신고서에 소유자의 주소 또는 건설기계의 사용본거지의 변경 사실을 증명하는 서류와 건설기계등록증 및 건설기계검사증을 첨부하여 새로운 등록지를 관할하는 시·도지사에게 제출(전자문서에 의한 제출을 포함)하여야 한다.

10 건설기계에서 등록의 경정은 어느 때 하는가?

① 등록을 행한 후에 그 등록에 관하여 착오 또는 누락이 있음을 발견한 때
② 등록을 행한 후에 소유권이 이전되었을 때
③ 등록을 행한 후에 등록지가 이전되었을 때
④ 등록을 행한 후에 소재지가 변동되었을 때

⊕해설 **등록의 경정**
시·도지사는 등록을 행한 후에 그 등록에 관하여 착오 또는 누락이 있음을 발견한 때에는 부기로써 경정등록을 하고, 그 뜻을 지체 없이 등록명의인 및 그 건설기계의 검사대행자에게 통보하여야 한다.

11 건설기계 등록말소 신청서의 첨부서류가 아닌 것은?

① 건설기계등록증
② 건설기계검사증
③ 건설기계운행증
④ 건설기계의 멸실·도난·수출·폐기·폐기요청·반품 및 교육·연구목적 사용 등 등록말소사유를 확인할 수 있는 서류

⊕해설 등록말소 신청서의 첨부서류는 건설기계등록증, 건설기계검사증, 멸실·도난·수출·폐기·폐기요청·반품 및 교육·연구목적 사용 등 등록말소사유를 확인할 수 있는 서류이다.

12 소유자의 신청이나 시·도지사의 직권으로 건설기계의 등록을 말소할 수 있는 경우가 아닌 것은?

① 건설기계를 수출하는 경우
② 건설기계를 도난당한 경우
③ 건설기계 정기검사에 불합격된 경우
④ 건설기계의 차대가 등록 시의 차대와 다른 경우

⊕해설 **소유자의 신청이나 시·도지사의 직권으로 등록을 말소할 수 있는 경우**
• 거짓이나 그 밖의 부정한 방법으로 등록을 한 경우
• 건설기계가 천재지변 또는 이에 준하는 사고 등으로 사용할 수 없게 되거나 멸실된 경우
• 건설기계의 차대(車臺)가 등록 시의 차대와 다른 경우
• 건설기계가 건설기계안전기준에 적합하지 아니하게 된 경우
• 정기검사 명령, 수시검사 명령 또는 정비명령에 따르지 아니한 경우
• 건설기계를 수출하는 경우
• 건설기계를 도난당한 경우
• 건설기계를 폐기한 경우
• 건설기계해체재활용업을 등록한 자에게 폐기를 요청한 경우
• 구조적 제작 결함 등으로 건설기계를 제작자 또는 판매자에게 반품한 경우
• 건설기계를 교육·연구 목적으로 사용하는 경우
• 대통령령으로 정하는 내구연한을 초과한 건설기계
• 건설기계를 횡령 또는 편취당한 경우

13 건설기계 소유자는 건설기계를 도난당한 날로부터 얼마 이내에 등록말소를 신청해야 하는가?

① 30일 이내
② 2개월 이내
③ 3개월 이내
④ 6개월 이내

⊕해설 건설기계를 도난당한 경우에 사유가 발생한 날부터 2개월 이내에 신청해야 한다.

14 시·도지사는 건설기계 등록원부를 건설기계의 등록을 말소한 날부터 몇 년간 보존하여야 하는가?

① 1년 ② 3년
③ 5년 ④ 10년

해설 시·도지사는 건설기계등록원부를 건설기계의 등록을 말소한 날부터 10년간 보존하여야 한다.

15 건설기계관리법상 건설기계사업의 종류가 아닌 것은?

① 건설기계매매업
② 건설기계대여업
③ 건설기계해체재활용업
④ 건설기계제작업

해설 건설기계 사업의 종류에는 매매업, 대여업, 해체재활용업, 정비업이 있다.

16 건설기계대여업의 등록 시 필요 없는 서류는?

① 주기장시설 보유확인서
② 건설기계 소유사실을 증명하는 서류
③ 사무실의 소유권 또는 사용권이 있음을 증명하는 서류
④ 모든 종업원의 신원증명서

해설 **건설기계대여업의 등록 시 필요한 서류**
• 건설기계 소유사실을 증명하는 서류
• 사무실의 소유권 또는 사용권이 있음을 증명하는 서류
• 주기장소재지를 관할하는 시장·군수·구청장이 발급한 주기장시설보유확인서
• 2인 이상의 법인 또는 개인이 공동으로 건설기계대여업을 영위하려는 경우에는 각 구성원은 그 영업에 관한 권리·의무에 관하여 국토교통부령이 정하는 바에 따른 계약서 사본

17 건설기계사업을 영위하고자 하는 자는 누구에게 등록하여야 하는가?

① 시장·군수 또는 자치구의 구청장
② 전문 건설기계정비업자
③ 국토교통부장관
④ 건설기계 폐기업자

해설 건설기계사업을 하려는 자(지방자치단체는 제외한다)는 대통령령으로 정하는 바에 따라 사업의 종류별로 특별자치시장·특별자치도지사·시장·군수 또는 자치구의 구청장에게 등록하여야 한다.

18 건설기계 폐기인수증명서는 누가 교부하는가?

① 시·도지사
② 국토교통부장관
③ 시장·군수
④ 건설기계해체재활용업자

해설 건설기계해체재활용업자는 건설기계의 폐기요청을 받은 때에는 폐기대상 건설기계를 인수한 후 폐기요청을 한 건설기계소유자에게 폐기대상건설기계 인수증명서를 발급하여야 한다.

19 건설기계 매매업의 등록을 하고자 하는 자의 구비서류로 맞는 것은?

① 건설기계매매업등록필증
② 건설기계보험증서
③ 건설기계등록증
④ 5,000만 원 이상의 하자보증금예치증서 또는 보증보험증서

해설 **매매업의 등록을 하고자 하는 자의 구비서류**
• 사무실의 소유권 또는 사용권이 있음을 증명하는 서류
• 주기장소재지를 관할하는 시장·군수·구청장이 발급한 주기장시설보유 확인서
• 5,000만 원 이상의 하자보증금예치증서 또는 보증보험증서

20 건설기계소유자에게 등록번호표제작 등을 할 것을 통지하거나 명령을 할 수 있는 기관의 장은?

① 국토교통부장관
② 행정안전부장관
③ 경찰청장
④ 시·도지사

◉해설 시·도지사는 건설기계소유자에게 등록번호표제작 등을 할 것을 통지하거나 명령해야 한다.

21 시·도지사로부터 등록번호표 제작통지 등에 관한 통지서를 받은 건설기계소유자는 받은 날로부터 며칠 이내에 등록번호표 제작자에게 제작 신청을 하여야 하는가?

① 3일   ② 10일
③ 20일   ④ 30일

◉해설 시·도지사로부터 등록번호표 제작통지를 받은 건설기계 소유자는 3일 이내에 등록번호표 제작자에게 제작신청을 하여야 한다.

22 건설기계 등록번호표에 표시되지 않는 것은?

① 기종   ② 등록번호
③ 등록관청   ④ 건설기계 연식

◉해설 건설기계 등록번호표에는 기종, 등록관청, 등록번호, 용도 등이 표시된다.

23 건설기계 등록번호표 중 관용에 해당하는 것은?

① 6000~9999   ② 6001~8999
③ 0001~0999   ④ 1000~5999

◉해설 **건설기계 등록번호표**
• 관용 – 0001~0999
• 자가용 – 1000~5999
• 대여사업용 – 6000~9999

24 건설기계등록번호표의 색상으로 틀린 것은?

① 자가용 – 흰색 바탕에 검은색 문자
② 대여사업용 – 주황색 바탕에 검은색 문자
③ 관용 – 흰색 바탕에 검은색 문자
④ 수입용 – 적색 바탕에 흰색 문자

◉해설 **등록번호표의 색상**
• 비사업용(관용 또는 자가용) – 흰색 바탕에 검은색 문자
• 대여사업용 – 주황색 바탕에 검은색 문자
• 임시운행 번호표 – 흰색 페인트 판에 검은색 문자

25 대여사업용 롤러를 나타내는 등록번호표는?

① 서울 007-7091
② 인천 004-9589
③ 세종 001-2536
④ 부산 003-5895

26 건설기계 등록번호표의 봉인이 없어지거나 헐어 못쓰게 된 경우에 조치방법으로 올바른 것은?

① 운전자가 즉시 수리한다.
② 관할 시·도지사에게 봉인을 신청한다.
③ 관할 검사소에 봉인을 신청한다.
④ 가까운 카센터에서 신속하게 봉인한다.

◉해설 건설기계소유자가 등록번호표나 봉인이 없어지거나 헐어 못 쓰게 되어 이를 다시 부착하거나 봉인하려는 경우에는 건설기계등록번호표제작 등 신청서에 등록번호표(헐어 못쓰게 된 경우에 한한다)를 첨부하여 시·도지사에게 제출해야 한다.

27 건설기계등록을 말소한 때에는 등록번호표를 며칠 이내에 시·도지사에게 반납하여야 하는가?

① 10일　　　　② 15일
③ 20일　　　　④ 30일

🔾해설 등록된 건설기계의 소유자는 10일 이내에 등록번호표의 봉인을 떼어낸 후 그 등록번호표를 국토교통부령으로 정하는 바에 따라 시·도지사에게 반납하여야 한다.

28 건설기계관리법상 건설기계 검사의 종류가 아닌 것은?

① 구조변경검사
② 임시검사
③ 수시검사
④ 신규 등록검사

🔾해설 건설기계 검사의 종류에는 신규 등록검사, 정기검사, 구조변경검사, 수시검사가 있다.

29 건설기계관리법상 건설기계를 검사유효기간이 끝난 후에 계속 운행하고자 할 때는 어느 검사를 받아야 하는가?

① 신규등록검사　　② 계속검사
③ 수시검사　　　　④ 정기검사

30 성능이 불량하거나 사고가 자주 발생하는 건설기계의 안전성 등을 점검하기 위하여 실시하는 검사와 건설기계 소유자의 신청을 받아 실시하는 검사는?

① 예비검사　　　② 구조변경검사
③ 수시검사　　　④ 정기검사

🔾해설 수시검사란 성능이 불량하거나 사고가 자주 발생하는 건설기계의 안전성 등을 점검하기 위하여 수시로 실시하는 검사와 건설기계 소유자의 신청을 받아 실시하는 검사이다.

31 정기검사대상 건설기계의 정기검사 신청기간으로 옳은 것은?

① 건설기계의 정기검사 유효기간 만료일 전후 45일 이내에 신청한다.
② 건설기계의 정기검사 유효기간 만료일 전 91일 이내에 신청한다.
③ 건설기계의 정기검사 유효기간 만료일 전후 각각 31일 이내에 신청한다.
④ 건설기계의 정기검사 유효기간 만료일 후 61일 이내에 신청한다.

🔾해설 정기검사를 받으려는 자는 검사유효기간의 만료일 전후 각각 31일 이내의 기간에 정기검사신청서를 시·도지사에게 제출해야 한다.

32 건설기계의 정기검사 신청기간 내에 정기검사를 받은 경우 정기검사 유효기간 시작일을 바르게 설명한 것은?

① 유효기간에 관계없이 검사를 받은 다음 날부터
② 유효기간 내에 검사를 받은 것은 유효기간 만료일부터
③ 유효기간 내에 검사를 받은 것은 종전 검사유효기간 만료일 다음 날부터
④ 유효기간에 관계없이 검사를 받은 날부터

🔾해설 유효기간의 산정은 정기검사신청기간까지 정기검사를 신청한 경우에는 종전 검사유효기간 만료일의 다음 날부터, 그 외의 경우에는 검사를 받은 날의 다음 날부터 기산한다.

33 정기검사신청을 받은 검사대행자는 며칠 이내에 검사일시 및 장소를 신청인에게 통지하여야 하는가?

① 20일 ② 15일

③ 5일 ④ 3일

➡ 해설 정기검사신청을 받은 검사대행자는 5일 이내에 검사일시 및 장소를 신청인에게 통지하여야 한다. 검사신청을 받은 시·도지사 또는 검사대행자는 신청을 받은 날부터 5일 이내에 검사일시와 검사장소를 지정하여 신청인에게 통지해야 한다.

34 건설기계의 검사를 연장 받을 수 있는 기간을 잘못 설명한 것은?

① 해외임대를 위하여 일시 반출된 경우 – 반출기간 이내

② 압류된 건설기계의 경우 – 압류기간 이내

③ 사업의 휴업을 신고한 경우 – 해당 사업의 개시신고를 하는 때까지

④ 장기간 수리가 필요한 경우 – 소유자가 원하는 기간

➡ 해설 검사를 연장 받을 수 있는 기간
• 해외임대를 위하여 일시 반출되는 건설기계의 경우에는 반출기간 이내
• 압류된 건설기계의 경우에는 그 압류기간 이내
• 타워크레인 또는 천공기(터널보링식 및 실드굴진식으로 한정)가 해체된 경우에는 해체되어 있는 기간 이내)
• 당해 사업의 휴지를 신고한 경우에는 당해 사업의 개시신고를 하는 때까지

35 건설기계의 정기검사 연기사유에 해당되지 않는 것은?

① 7일 이내의 건설기계 정비

② 건설기계의 도난

③ 건설기계의 사고발생

④ 천재지변

➡ 해설 천재지변, 건설기계의 도난, 사고발생, 압류, 31일 이상에 걸친 정비 또는 그 밖의 부득이한 사유 등은 건설기계 정기검사 연기사유에 해당한다.

36 건설기계 소유자는 건설기계의 도난, 사고발생 등 부득이한 사유로 정기검사 신청기간 내에 검사를 신청할 수 없는 경우에 연기신청은 언제까지 하여야 하는가?

① 신청기간 만료일 10일 전까지

② 검사유효기간 만료일까지

③ 신청기간 만료일까지

④ 검사신청기간 만료일로부터 10일 이내

➡ 해설 신청기간 내에 검사를 신청할 수 없는 경우에는 정기검사 등의 신청기간 만료일까지 검사·명령이행 기간 연장신청서에 연장사유를 증명할 수 있는 서류를 첨부하여 시·도지사에게 제출해야 한다.

37 건설기계의 소유자는 건설기계검사기준의 부적합판정을 받은 항목에 대하여 부적합판정을 받은 날부터 며칠 이내에 이를 보완하여 보완항목에 대한 재검사를 신청할 수 있는가?

① 10일 ② 20일

③ 30일 ④ 60일

➡ 해설 건설기계의 소유자는 부적합판정을 받은 항목에 대하여 부적합판정을 받은 날부터 10일(이하 "재검사기간"이라 한다)이내에 이를 보완하여 보완항목에 대한 재검사를 신청할 수 있다.

38 검사소 이외의 장소에서 출장검사를 받을 수 있는 건설기계에 해당하는 것은?

① 덤프트럭
② 콘크리트믹서트럭
③ 아스팔트살포기
④ 지게차

◉해설 검사소에서 검사를 받아야 하는 건설기계는 덤프트럭, 콘크리트믹서트럭, 콘크리트펌프(트럭적재식), 아스팔트살포기, 트럭지게차이다.

39 건설기계의 출장검사가 허용되는 경우가 아닌 것은?

① 도서지역에 있는 건설기계
② 너비가 2.0미터를 초과하는 건설기계
③ 최고속도가 시간당 35킬로미터 미만인 건설기계
④ 자체중량이 40톤을 초과하거나 축하중이 10톤을 초과하는 건설기계

◉해설 **건설기계가 위치한 장소에서 검사를 할 수 있는 경우**
• 도서지역에 있는 경우
• 자체중량이 40톤을 초과하거나 축하중이 10톤을 초과하는 경우
• 너비가 2.5미터를 초과하는 경우
• 최고속도가 시간당 35킬로미터 미만인 경우

40 건설기계의 정비명령은 누구에게 하여야 하는가?

① 해당 건설기계 운전자
② 해당 건설기계 검사업자
③ 해당 건설기계 정비업자
④ 해당 건설기계 소유자

◉해설 정비명령은 검사에 불합격한 해당 건설기계 소유자에게 한다.

41 건설기계의 제동장치에 대한 정기검사를 면제 받고자 하는 경우 첨부하여야 하는 서류는?

① 건설기계 매매업 신고서
② 건설기계 대여업 신고서
③ 건설기계 제동장치 정비확인서
④ 건설기계 해체재활용업 신고서

◉해설 건설기계의 제동장치에 대한 정기검사를 면제 받으려는 자는 정기검사 신청 시에 해당 건설기계 정비업자가 발행한 건설기계 제동장치 정비확인서를 시·도지사 또는 검사대행자에게 제출해야 한다.

42 건설기계 조종사면허의 결격사유에 해당되지 않는 것은?

① 18세 미만인 사람
② 정신질환자 또는 뇌전증 환자
③ 마약·대마·향정신성의약품 또는 알코올 중독자
④ 파산자로서 복권되지 않은 사람

◉해설 **건설기계조종사면허의 결격사유**
• 18세 미만인 사람
• 건설기계 조종상의 위험과 장해를 일으킬 수 있는 정신질환자 또는 뇌전증 환자로서 국토교통부령으로 정하는 사람
• 앞을 보지 못하는 사람, 듣지 못하는 사람, 그 밖에 국토교통부령으로 정하는 장애인
• 건설기계 조종상의 위험과 장해를 일으킬 수 있는 마약·대마·향정신성의약품 또는 알코올중독자로서 국토교통부령으로 정하는 사람
• 건설기계조종사면허가 취소된 날부터 1년(거짓이나 그 밖의 부정한 방법으로 건설기계조종사면허를 받은 경우와 건설기계조종사면허의 효력정지기간 중 건설기계를 조종한 경우의 사유로 취소된 경우에는 2년)이 지나지 아니하였거나 건설기계조종사면허의 효력정지처분 기간 중에 있는 사람

43 건설기계관리법상 건설기계의 구조를 변경할 수 있는 범위에 해당되는 것은?

① 원동기의 형식변경
② 건설기계의 기종변경
③ 육상작업용 건설기계의 규격을 증가시키기 위한 구조변경
④ 육상작업용 건설기계의 적재함 용량을 증가시키기 위한 구조변경

⊙해설 건설기계의 구조변경을 할 수 없는 범위에 해당되는 것은 건설기계의 기종변경, 육상작업용 건설기계의 규격을 증가시키기 위한 구조변경, 육상작업용 건설기계의 적재함 용량을 증가시키기 위한 구조변경이다.

44 건설기계조종사면허증 발급신청 시 첨부하는 서류와 가장 거리가 먼 것은?

① 신체검사서
② 국가기술자격 수첩
③ 주민등록표 등본
④ 소형건설기계 조종교육 이수증

⊙해설 **면허증 발급신청 할 때 첨부하는 서류**
• 신체검사서
• 소형건설기계조종교육이수증(소형건설기계조종사 면허증을 발급·신청하는 경우에 한정한다)
• 건설기계조종사면허증(건설기계조종사면허를 받은 자가 면허의 종류를 추가하고자 하는 때에 한한다)
• 신청일 전 6개월 이내에 모자 등을 쓰지 않고 촬영한 천연색 상반신 정면사진 1장
• 국가기술자격증 정보(소형건설기계조종사면허증을 발급·신청하는 경우는 제외한다)
• 자동차운전면허 정보(3톤 미만의 지게차를 조종하려는 경우에 한정한다)

45 도로교통법상 규정한 운전면허를 받아 조종할 수 있는 건설기계가 아닌 것은?

① 타워크레인
② 덤프트럭
③ 콘크리트펌프
④ 콘크리트믹서트럭

⊙해설 운전면허를 받아 조종하여야 하는 건설기계의 종류에는 덤프트럭, 아스팔트살포기, 노상안정기, 콘크리트믹서트럭, 콘크리트펌프, 천공기(트럭적재식), 특수건설기계 중 국토교통부장관이 지정하는 건설기계가 있다.

46 건설기계조종사의 면허적성검사 기준으로 틀린 것은?

① 두 눈의 시력이 각각 0.3 이상
② 두 눈을 동시에 뜨고 측정한 시력이 0.7 이상
③ 시각은 150도 이상
④ 청력은 10데시벨의 소리를 들을 수 있을 것

⊙해설 **건설기계조종사의 적성검사의 기준**
• 두 눈을 동시에 뜨고 잰 시력(교정시력을 포함)이 0.7 이상이고 두 눈의 시력이 각각 0.3 이상일 것
• 55데시벨(보청기를 사용하는 사람은 40데시벨)의 소리를 들을 수 있고, 언어분별력이 80퍼센트 이상일 것
• 시각은 150도 이상일 것
• 건설기계 조종상의 위험과 장해를 일으킬 수 있는 정신질환자 또는 뇌전증 환자로서 국토교통부령으로 정하는 사람의 규정에 의한 사유에 해당되지 아니할 것
• 건설기계 조종상의 위험과 장해를 일으킬 수 있는 마약·대마·향정신성의약품 또는 알코올중독자로서 국토교통부령으로 정하는 사람의 규정에 의한 사유에 해당되지 아니할 것

47 건설기계관리법상 건설기계조종사 면허취소 또는 효력정지를 시킬 수 있는 자는?

① 대통령
② 경찰서장
③ 시장·군수 또는 구청장
④ 국토교통부장관

해설 시장·군수 또는 구청장은 건설기계조종사면허를 취소하거나 1년 이내의 기간을 정하여 건설기계조종사면허의 효력을 정지시킬 수 있다.

48 건설기계조종사면허가 취소되었을 경우 그 사유가 발생한 날부터 며칠 이내에 면허증을 반납하여야 하는가?

① 7일 이내　② 10일 이내
③ 14일 이내　④ 30일 이내

해설 건설기계조종사면허를 받은 사람은 그 사유가 발생한 날부터 10일 이내에 시장·군수 또는 구청장에게 그 면허증을 반납해야 한다.

49 건설기계조종사면허증의 반납사유에 해당하지 않는 것은?

① 면허가 취소된 때
② 면허의 효력이 정지된 때
③ 건설기계 조종을 하지 않을 때
④ 면허증의 재교부를 받은 후 잃어버린 면허증을 발견한 때

해설 건설기계조종사면허증의 반납사유에 해당하는 것은 면허가 취소된 때, 면허의 효력이 정지된 때, 면허증의 재교부를 받은 후 잃어버린 면허증을 발견한 때이다.

50 건설기계관리법상 건설기계정비업의 등록구분으로 옳은 것은?

① 종합건설기계정비업, 부분건설기계정비업, 전문건설기계정비업
② 종합건설기계정비업, 단종건설기계정비업, 전문건설기계정비업
③ 부분건설기계정비업, 전문건설기계정비업, 개별건설기계정비업
④ 종합건설기계정비업, 특수건설기계정비업, 전문건설기계정비업

해설 건설기계정비업의 구분에는 종합건설기계정비업, 부분건설기계정비업, 전문건설기계정비업 등이 있다.

51 건설기계관리법상 건설기계조종사면허의 취소사유가 아닌 것은?

① 고의로 인명피해(사망·중상·경상 등)를 입힌 경우
② 건설기계조종사면허증을 다른 사람에게 빌려 준 경우
③ 등록이 말소된 건설기계를 조종한 경우
④ 부정한 방법으로 건설기계조종사 면허를 받은 경우

52 건설기계운전면허의 효력정지 사유가 발생한 경우, 건설기계관리법상 효력정지 기간으로 옳은 것은?

① 1년 이내　② 6월 이내
③ 5년 이내　④ 3년 이내

해설 시장·군수 또는 구청장은 국토교통부령으로 정하는 바에 따라 건설기계조종사면허를 취소하거나 1년 이내의 기간을 정하여 건설기계조종사면허의 효력을 정지시킬 수 있다.

53 건설기계의 조종 중 고의 또는 과실로 가스공급시설을 손괴할 경우 조종사면허의 처분기준은?

① 면허효력정지 10일

② 면허효력정지 15일

③ 면허효력정지 25일

④ 면허효력정지 180일

🔎 해설 건설기계의 조종 중 고의 또는 과실로 「도시가스사업법」에 따른 가스공급시설을 손괴하거나 가스공급시설의 기능에 장애를 입혀 가스의 공급을 방해한 경우 면허효력정지 180일의 처벌을 받는다.

54 건설기계의 조종 중 사망 1명의 인명피해를 입힌 때 조종사면허 처분기준은?

① 면허취소

② 면허효력정지 60일

③ 면허효력정지 45일

④ 면허효력정지 30일

🔎 해설 **인명 피해에 따른 면허정지 기간**
- 사망 1명마다 : 면허효력정지 45일
- 중상 1명마다 : 면허효력정지 15일
- 경상 1명마다 : 면허효력정지 5일

55 등록되지 아니한 건설기계를 사용하거나 운행한 자에 대한 벌칙은?

① 50만 원 이하의 벌금

② 100만 원 이하의 벌금

③ 1년 이하의 징역 또는 100만 원 이하의 벌금

④ 2년 이하의 징역 또는 2,000만 원 이하의 벌금

🔎 해설 등록되지 아니한 건설기계를 사용하거나 운행한 자는 2년 이하의 징역 또는 2,000만 원 이하의 벌금에 처한다.

56 건설기계조종사면허를 받지 아니하고 건설기계를 조종한 자에 대한 벌칙 기준은?

① 2년 이하의 징역 또는 1,000만 원 이하의 벌금

② 1년 이하의 징역 또는 1,000만 원 이하의 벌금

③ 200만 원 이하의 벌금

④ 100만 원 이하의 벌금

🔎 해설 건설기계조종사면허를 받지 아니하고 건설기계를 조종한 자는 1년 이하의 징역 또는 1,000만 원 이하의 벌금에 처한다.

57 건설기계를 도로나 타인의 토지에 버려둔 자에 대해 적용하는 벌칙은?

① 1,000만 원 이하의 벌금

② 2,000만 원 이하의 벌금

③ 1년 이하의 징역 또는 1,000만 원 이하의 벌금

④ 2년 이하의 징역 또는 2,000만 원 이하의 벌금

🔎 해설 건설기계를 도로나 타인의 토지에 버려둔 자는 1년 이하의 징역 또는 1,000만 원 이하의 벌금에 처한다.

58 폐기요청을 받은 건설기계를 폐기하지 아니하거나 등록번호표를 폐기하지 아니한 자에 대한 벌칙은?

① 2년 이하의 징역 또는 2,000만 원 이하의 벌금

② 1년 이하의 징역 또는 1,000만 원 이하의 벌금

③ 200만 원 이하의 벌금

④ 100만 원 이하의 벌금

🔍 해설 폐기요청을 받은 건설기계를 폐기하지 아니하거나 등록번호표를 폐기하지 아니한 자는 1년 이하의 징역 또는 1,000만 원 이하의 벌금에 처한다.

59 건설기계관리법상 구조변경검사 또는 수시검사를 받지 아니한 자에 대한 처벌은?

① 1년 이하의 징역 또는 1,000만 원 이하의 벌금

② 2년 이하의 징역 또는 2,000만 원 이하의 벌금

③ 3년 이하의 징역 또는 3,000만 원 이하의 벌금

④ 5년 이하의 징역 또는 5,000만 원 이하의 벌금

🔍 해설 구조변경검사 또는 수시검사를 받지 아니한 자는 1년 이하의 징역 또는 1,000만 원 이하의 벌금에 처한다.

60 건설기계관리법상 건설기계 정비명령을 이해하지 아니한 자의 벌금은?

① 3년 이하의 징역 또는 1,000만 원 이하의 벌금에 처한다.

② 2년 이하의 징역 또는 2,000만 원 이하의 벌금에 처한다.

③ 500만 원 이하의 벌금에 처한다.

④ 1년 이하의 징역 또는 1,000만 원 이하의 벌금에 처한다.

🔍 해설 정비명령을 이행하지 아니한 자는 1년 이하의 징역 또는 1,000만 원 이하의 벌금에 처한다.

61 건설기계 등록번호표를 가리거나 훼손하여 알아보기 곤란하게 한 자 또는 그러한 건설기계를 운행한 자에게 부과하는 과태료로 옳은 것은?

① 50만 원 이하   ② 100만 원 이하

③ 300만 원 이하   ④ 1,000만 원 이하

🔍 해설 등록번호표를 가리거나 훼손하여 알아보기 곤란하게 한 자 또는 그러한 건설기계를 운행한 자는 100만 원 이하의 과태료를 부과한다.

62 건설기계의 등록번호를 부착·봉인하지 아니하거나 등록번호를 새기지 아니한 자에게 부가하는 법규상의 과태료로 맞는 것은?

① 30만 원 이하의 과태료
② 50만 원 이하의 과태료
③ 100만 원 이하의 과태료
④ 20만 원 이하의 과태료

⊕해설 등록번호표를 부착 및 봉인하지 아니한 건설기계를 운행한 자는 100만 원 이하의 과태료를 부과한다.

63 건설기계를 주택가 주변에 세워 두어 교통소통을 방해하거나 소음 등으로 주민의 생활환경을 침해한 자에 대한 벌칙은?

① 200만 원 이하의 벌금
② 100만 원 이하의 벌금
③ 100만 원 이하의 과태료
④ 50만 원 이하의 과태료

⊕해설 건설기계를 주택가 주변에 세워 두어 교통소통을 방해하거나 소음 등으로 주민의 생활환경을 침해한 자는 50만 원 이하의 과태료를 부과한다.

64 대형건설기계의 경고표지판 부착위치는?

① 작업인부가 쉽게 볼 수 있는 곳
② 조종실 내부의 조종사가 보기 쉬운 곳
③ 교통경찰이 쉽게 볼 수 있는 곳
④ 특별 번호판 옆

⊕해설 대형건설기계에는 조종실 내부의 조종사가 보기 쉬운 곳에 경고표지판을 부착하여야 한다.

65 건설기계 조종사 면허의 취소·정지 처분 기준 중 "경상"의 인명 피해를 구분하는 판단 기준으로 가장 옳은 것은?

① 1주 미만의 가료를 요하는 진단이 있을 때
② 2주 이하의 가료를 요하는 진단이 있을 때
③ 3주 미만의 가료를 요하는 진단이 있을 때
④ 4주 이하의 가료를 요하는 진단이 있을 때

⊕해설 중상은 3주 이상의 치료를 요하는 진단이 있는 경우를 말하며, 경상은 3주 미만의 치료를 요하는 진단이 있는 경우를 말한다.

66 대형건설기계 범위에 해당하지 않는 것은?

① 높이가 4미터를 초과하는 건설기계
② 길이가 10미터를 초과하는 건설기계
③ 총중량이 40톤을 초과하는 건설기계
④ 최소 회전반경이 12미터를 초과하는 건설기계

⊕해설 **대형건설기계 범위**
- 길이가 16.7미터를 초과하는 건설기계
- 너비가 2.5미터를 초과하는 건설기계
- 높이가 4.0미터를 초과하는 건설기계
- 최소회전반경이 12미터를 초과하는 건설기계
- 총중량이 40톤을 초과하는 건설기계. 다만, 굴착기, 로더 및 지게차는 운전중량이 40톤을 초과하는 경우를 말한다.
- 총중량 상태에서 축하중이 10톤을 초과하는 건설기계. 다만, 굴착기, 로더 및 지게차는 운전중량 상태에서 축하중이 10톤을 초과하는 경우를 말한다.

67 지게차, 전복보호구조 또는 전도보호구조를 장착한 건설기계와 시간당 몇 킬로미터 이상의 속도를 낼 수 있는 타이어식 건설기계에는 좌석안전띠를 설치하여야 하는가?

① 시간당 30킬로미터
② 시간당 40킬로미터
③ 시간당 50킬로미터
④ 시간당 60킬로미터

해설 지게차, 전복보호구조 또는 전도보호구조를 장착한 건설기계와 시간당 30킬로미터 이상의 속도를 낼 수 있는 타이어식 건설기계에는 좌석안전띠를 설치하여야 한다.

68 건설기계관리법에 따라 최고주행속도 15km/h 미만의 타이어식 건설기계가 필히 갖추어야 할 조명장치가 아닌 것은?

① 전조등
② 후부반사기
③ 비상점멸 표시등
④ 제동등

해설 최고주행속도가 시간당 15킬로미터 미만인 건설기계에 설치해야 하는 조명장치는 전조등, 제동등(다만, 유량 제어로 속도를 감속하거나 가속하는 건설기계는 제외한다), 후부반사기, 후부반사판 또는 후부반사지이다.

01 롤러의 사용설명서에 대한 설명 중 틀린 것은?

① 롤러의 유지관리에 대한 사항을 파악할 수 있다.

② 롤러의 성능을 파악할 수 있다.

③ 각 부분의 명칭과 기능을 파악할 수 있다.

④ 각 부품의 단가를 파악할 수 있다.

⊕해설 사용 설명서로 파악할 수 있는 사항은 유지관리에 대한 사항, 성능, 각 부분의 명칭과 기능 등이다.

02 롤러에 대한 설명으로 옳은 것은?

① 롤러는 저속이므로 엔진의 조속기에는 전속도 조속기를 사용할 필요가 없다.

② 타이어 롤러는 그 구조상 다른 롤러에 비해서 부가하중을 많이 실을 수 있다.

③ 3속 롤러라는 것은 3륜 롤러라는 뜻이다.

④ 진동롤러는 엔진의 폭발력을 직접 이용하고 있으므로 구조가 간단하다.

03 롤러의 다짐방식에 의한 분류에 속하지 않는 것은?

① 전압형식　② 충격형식

③ 진동형식　④ 전류형식

⊕해설 롤러는 다짐 방법에 따라 전압형식, 진동형식, 충격형식 등이 있다.

04 롤러의 구분으로 옳지 않은 것은?

① 탠덤 롤러　② 머캐덤 롤러

③ 쇄석 롤러　④ 탬핑 롤러

⊕해설 **롤러의 분류**
• 전압방식 – 탠덤롤러, 머캐덤 롤러, 타이어 롤러
• 진동방식 – 진동롤러, 컴팩터
• 충격방식 – 래머, 탬퍼

05 롤러의 성능과 능력을 표시하는 방법에 속하지 않는 것은?

① 다짐 폭과 기진력

② 기진력과 윤거

③ 다짐 폭과 접지압

④ 선압과 윤하중

⊕해설 롤러의 성능과 능력은 선압, 윤하중, 다짐 폭, 접지압, 기진력으로 표시한다.

06 자주식 롤러에 포함되지 않는 것은?

① 머캐덤 롤러

② 피견인식 진동 롤러

③ 탠덤 롤러

④ 타이어식 롤러

⊕해설 자주식이란 자체에 기관이나 전동기와 같은 동력원과 주행 장치를 함께 가진 건설기계의 형식이다.

07 타이어 롤러의 규격표시에서 8-12t이라는 수치의 의미로 옳은 것은?

① 자체중량이 8톤이고, 밸러스트를 15톤까지 적재할 수 있다.
② 자체중량이 8톤, 밸러스트를 적재하여 중량을 12톤까지 증가시킬 수 있다.
③ 밸러스트를 8~12톤까지 적재할 수 있다.
④ 자체중량이 12톤이며 밸러스트를 8톤까지 적재할 수 있다.

08 3륜의 철륜(쇠바퀴)으로 구성되어 있으며 아스팔트 포장면의 초기다짐에 사용되는 롤러는?

① 타이어 롤러   ② 탬핑 롤러
③ 머캐덤 롤러   ④ 진동 롤러

🔎 해설 머캐덤 롤러는 앞바퀴 1개, 뒷바퀴가 2개이며, 아스팔트 포장면의 초기다짐에 주로 사용된다.

09 가열포장 아스팔트 초기 다짐용으로 가장 알맞은 롤러의 형식은?

① 진동 롤러   ② 타이어 롤러
③ 탬핑 롤러   ④ 머캐덤 롤러

10 머캐덤 롤러의 동력전달 순서는?

① 기관 → 클러치 → 변속기 → 역전기 → 차동장치 → 종 감속장치 → 뒷바퀴
② 기관 → 클러치 → 역전기 → 변속기 → 차동장치 → 뒤차축 → 뒷바퀴
③ 기관 → 클러치 → 역전기 → 변속기 → 차동장치 → 종 감속장치 → 뒷바퀴
④ 기관 → 클러치 → 변속기 → 역전기 → 차동장치 → 뒤차축 → 뒷바퀴

🔎 해설 머캐덤 롤러의 동력전달 순서는 기관 → 클러치 → 변속기 → 역전기 → 차동장치 → 종 감속장치 → 뒷바퀴이다.

11 탠덤 롤러를 설명한 것 중 옳은 것은?

① 전·후륜 모두 드럼형태의 쇠바퀴 2개로 구성되어 있다.
② 전륜은 드럼형태의 쇠바퀴, 후륜은 타이어로 구성되어 있다.
③ 전·후륜 모두 타이어로 되어 있다.
④ 전륜은 타이어, 후륜은 드럼형태의 쇠바퀴로 구성되어 있다.

🔎 해설 탠덤 롤러는 앞·뒷바퀴 모두 드럼형태의 쇠바퀴 2개가 일직선으로 되어 있다. 아스팔트 마지막 다짐 작업에 가장 효과적이나, 자갈이나 쇄석골재 등은 다져서는 안 된다.

12 다음 중 2축, 3축 롤러의 작업 자세가 아닌 것은?

① 자유 다짐   ② 반고정 다짐
③ 전고정 다짐   ④ 2/3고정 다짐

🔎 해설 2축, 3축 롤러의 작업 자세에는 자유 다짐, 반고정 다짐, 전고정 다짐이 있다.

13 롤러의 동력전달 순서로 옳은 것은?

① 기관 → 클러치 → 변속기 → 감속기어 → 차동장치 → 최종감속기어 → 뒷바퀴

② 기관 → 변속기 → 종 감속장치 → 클러치 → 뒤 차축 → 뒷바퀴

③ 기관 → 클러치 → 차동장치 → 변속기 → 종감속장치 → 뒤 차축 → 뒷바퀴

④ 기관 → 클러치 → 차동장치 → 변속기 → 뒤 차축 → 뒷바퀴

◉해설 롤러의 동력전달 순서는 기관 → 클러치 → 변속기 → 감속기어(역전기) → 차동장치 → 최종감속기어 → 뒷바퀴이다.

14 머캐덤 롤러 변속기의 부품에 속하지 않는 것은?

① 시프트 포크

② 차동기어 록 장치

③ 변속기어

④ 시프트 축

◉해설 차동기어 록 장치(차동고정 장치, 차동제한장치)는 머캐덤 롤러로 작업할 때 모래땅이나 연약한 지반에서 바퀴의 슬립을 방지한다.

15 머캐덤 롤러 운전 중 변속기어의 물림이 빠지는 현상이 발생되었을 때 점검하지 않아도 되는 곳은?

① 시프트 포크

② 변속기어

③ 차동고정 장치

④ 시프트 축

16 롤러의 변속기에서 심한 잡음이 나는 원인에 속하지 않는 것은?

① 기어가 마모 또는 손상되었다.

② 기어오일이 부족하다.

③ 오일펌프의 압력이 높다.

④ 기어 샤프트 지지 베어링이 마모 또는 손상되었다.

◉해설 변속기에서 심한 잡음이 나는 원인에는 기어오일의 부족, 기어의 마모(백래시 과대) 및 손상, 기어 샤프트 지지 베어링이 마모 및 손상, 기어 잇면의 손상 등이 있다.

17 롤러작업 중에 변속기에서 소음이 나는 것과 관계없는 것은?

① 기어 잇면이 손상되었다.

② 윤활유가 부족하다.

③ 기어의 백래시가 과대하다.

④ 냉각수가 부족하다.

18 롤러의 변속기어가 작동 불량일 때 점검하지 않아도 되는 것은?

① 차동제한 장치를 점검한다.

② 변속레버의 유격을 점검한다.

③ 변속기 케이스 내의 오일량을 점검한다.

④ 기어 지지부의 베어링 상태를 점검한다.

19 2륜식 철륜 롤러의 종감속 기어장치의 설명으로 옳은 것은?

① 기어오일로 윤활한다.

② 구동바퀴에 직접 설치되어 있다.

③ 감속비가 적어야 한다.

④ 추진축으로 구동한다.

◉해설 2륜 철륜 롤러의 종감속 기어장치는 구동바퀴에 직접 설치되어 있다.

20 롤러의 종감속장치에서 동력전달방식에 속하지 않는 것은?

① 체인구동 방식
② 베벨기어 방식
③ 벨트구동 방식
④ 평기어 방식

⊕해설 동력전달방식에는 평기어 방식, 베벨기어 방식, 체인구동 방식 등이 있다.

21 머캐덤 3륜 롤러에 차동장치를 설치하는 목적은?

① 조향 시 내측륜과 외측륜 회전비를 다르게 하기 위해 설치한다.
② 험한 지역에서 공회전을 방지하기 위하여 설치한다.
③ 다짐 바퀴를 일정하게 회전시키기 위하여 설치한다.
④ 구릉지 작업을 위하여 설치한다.

⊕해설 차동장치를 설치하는 이유는 조향할 때 내측륜(안쪽 바퀴)과 외측륜(바깥쪽 바퀴) 회전비율을 다르게 하기 위함이다.

22 머캐덤 롤러작업 시 모래땅이나 연약지반에서 작업 또는 직진성능을 주기 위하여 설치한 장치는?

① 차동로크 장치
② 파이널 드라이브 유성기어 장치
③ 전·후진 변속 저·고속 장치
④ 트랜스미션 록 장치

⊕해설 차동로크 장치(차동고정 장치, 차동제한장치)는 머캐덤 롤러로 작업할 때 모래땅이나 연약한 지반에서 차륜(바퀴)의 슬립을 방지하여 작업 또는 직진성능을 주기 위해 설치한다.

23 롤러작업 시 종감속장치 및 차동장치에서 소음이 발생하는 원인과 관계없는 것은?

① 차동장치의 사이드기어가 마멸되었다.
② 차동장치의 구동피니언이 마멸되었다.
③ 차동장치의 링 기어가 마멸되었다.
④ 차동장치의 3단 기어가 마멸되었다.

⊕해설 소음이 발생하는 원인은 차동장치의 사이드 기어 마멸, 차동장치의 구동 피니언 마멸, 차동장치의 링 기어 마멸, 오일 부족 등이다.

24 다음 중 롤러에 대한 설명으로 옳은 것은?

① 롤러의 조향장치에는 토크컨버터가 필요하다.
② 롤러의 조향장치는 클러치 방식이다.
③ 롤러의 조향장치에는 킹핀이 있다.
④ 롤러의 조향장치는 환향클러치 방식이다.

⊕해설 롤러의 조향장치에는 킹핀이 설치되어 있다.

25 일반적인 머캐덤 롤러의 전륜(앞바퀴)에 대한 설명으로 옳지 않은 것은?

① 조향은 유압식이다.
② 전륜 축은 베어링으로 지지한다.
③ 킹핀이 설치되어 있다.
④ 브레이크 장치가 설치되어 있다.

⊕해설 머캐덤 롤러의 전륜(앞바퀴)은 조향은 유압방식이며, 전륜 축은 베어링으로 지지하고, 킹핀이 설치되어 있다.

26 롤러의 유압조향장치에서 조향이 잘 안 되는 원인이 아닌 것은?

① 킹핀이 심하게 휘었다.
② 유압호스에서 오일이 누출된다.
③ 유압펌프 구동용 벨트가 느슨해졌다.
④ 레버방식 핸들이므로 작동이 불량할 때가 있다.

⊙해설 **조향이 잘 안 되는 원인**
• 킹핀이 심하게 휘었을 때
• 압호스에서 오일이 누출될 때
• 유압펌프 구동벨트가 느슨해졌을 때
• 오일이 부족할 때

27 유압방식 롤러에서 조향 롤이 흔들리는 원인이 아닌 것은?

① 밸브장치의 불량
② 링크(link)기구의 이완
③ 유압호스 파손
④ 댐퍼 스프링(damper spring) 파손

⊙해설 조향 롤이 흔들리는 원인은 링크기구의 이완, 유압호스 파손, 댐퍼 스프링의 파손 등이다.

28 유압장치를 장착한 롤러에서 작업 중 유압펌프에서 심한 소음이 발생할 경우 점검해야 할 사항이 아닌 것은?

① 유압유 부족 여부 확인
② 오일 스트레이너 막힘 여부 확인
③ 유압펌프 흡입 쪽 배관 막힘 여부 확인
④ 유압유 리턴 여과기 막힘 여부 확인

⊙해설 유압펌프에서 소음이 발생하는 원인은 유압유가 부족할 때, 오일 스트레이너 막힘, 유압펌프 흡입 쪽 배관 막힘 등이다.

29 도로의 성토, 하천제방, 어스 댐 등을 넓은 면적을 두꺼운 층으로 균일한 다짐을 요하는 경우에 사용하는 롤러는?

① 탠덤 롤러
② 머캐덤 롤러
③ 타이어 롤러
④ 탬핑 롤러

⊙해설 탬핑 롤러는 강판제의 드럼 바깥둘레에 여러 개의 돌기가 용접으로 고정되어 있어 흙을 다지는 데 매우 효과적이므로 도로의 성토, 하천제방, 어스 댐 등을 넓은 면적을 두꺼운 층으로 균일한 다짐을 요하는 경우 사용된다.

30 주로 피견인식으로 사용되며 드럼에 피트가 설치되어 모래나 돌조각보다 퍼석퍼석한 지반의 기초 다짐에 주로 사용되는 롤러는?

① 진동 롤러
② 탬핑 롤러
③ 머캐덤 롤러
④ 자주식 롤러

⊙해설 탬핑 롤러는 주로 피견인식으로 사용되며 드럼에 피트가 설치되어 모래나 돌조각보다 퍼석퍼석한 지반의 기초다짐에 주로 사용된다.

31 표면지층이 연약한 토질에 사용 가능한 롤러로 가장 적합한 것은?

① 탠덤 롤러
② 탬퍼 풋 롤러
③ 콤비 롤러
④ 머캐덤 롤러

⊙해설 탬퍼 풋 롤러는 강판제의 롤러 바깥둘레에 여러 개의 돌기가 용접으로 고정되어 있어 표면지층이 연약한 토질의 다짐작업에 효과적이다.

32 일반적으로 가장 빠른 속도로 작업하고 비교적 연약지반 다짐에 효과적인 롤러는?

① 타이어 롤러
② 탠덤 롤러
③ 머캐덤 롤러
④ 진동 롤러

⊙해설 타이어 롤러는 가장 빠른 속도로 작업하고 비교적 연약지반 다짐에 효과적이다.

33 소일시멘트 토반다짐에는 어느 롤러가 효과적인가?

① 타이어 롤러 ② 진동 롤러
③ 시프 풋 롤러 ④ 머캐덤 롤러

⊕해설 타이어 롤러는 소일시멘트(흙과 시멘트를 혼합한 것으로 만든 개량토) 토반다짐에 효과적이다.

34 지면의 요철(凹凸)에 관계없이 동일한 밀도의 다짐작업에 가장 적합한 롤러는 어느 것인가?

① 탠덤 롤러 ② 진동 롤러
③ 탬핑 롤러 ④ 타이어 롤러

⊕해설 타이어 롤러는 지면의 요철에 관계없이 동일한 밀도의 다짐작업에 효과적이다.

35 타이어 롤러로 다짐작업을 할 때 가장 적합하지 않은 것은?

① 점토 질토 ② 부순 자갈
③ 실트 질토 ④ 사질토

⊕해설 타이어 롤러로 다짐작업을 할 수 있는 것은 점토 질토(점토함량이 높은 토양), 실트 질토[silt soil ; 실트{유사, 토사, 세사(물에 쓸려 와서 강어귀 항구에 쌓이는 가는 모래진흙)}가 퇴적되어 이루어진 토양], 사질토(sandy soil) 등이다.

36 타이어 롤러의 특징에 관한 설명으로 틀린 것은?

① 타이어는 내압변화가 적고 접지압 분포가 균일한 전용타이어를 사용한다.
② 다짐속도가 비교적 빠르다.
③ 보조기층 다짐높이는 약 50cm를 표준으로 하는 것이 바람직하다.
④ 타이어형 롤러의 바퀴지지 방식은 고정식, 상호요동식, 독립지지식이 있다.

⊕해설 보조기층 다짐높이는 약 30cm를 표준으로 하는 것이 바람직하다.

37 타이어 롤러에 대한 설명 중 틀린 것은?

① 다짐속도가 비교적 빠르다.
② 골재를 파괴시키지 않고 골고루 다질 수 있다.
③ 아스팔트 혼합재 다짐용으로 적합하다.
④ 타이어 공기압으로 다짐능력을 조정할 수 없다.

⊕해설 타이어 롤러는 타이어 공기압으로 다짐능력을 조정할 수 있으며, 다짐속도가 비교적 빠르고 골재를 파괴시키지 않고 골고루 다질 수 있어 아스팔트 혼합재 다짐용으로 적합하다.

38 아스팔트 다짐에 타이어 롤러를 사용하는 이유로 옳지 않은 것은?

① 다짐 속도가 빠르기 때문이다.
② 균일한 밀도를 얻을 수 있기 때문이다.
③ 타이어 공기압을 이용하여 다짐력을 조정할 수 있기 때문이다.
④ 아스팔트가 타이어 롤러에 접착되기 때문이다.

⊕해설 아스팔트 다짐에 타이어 롤러를 사용하는 이유는 다짐속도가 빠르고, 균일한 밀도를 얻을 수 있으며, 타이어 공기압을 이용하여 접지압 조정이 용이하기 때문이다.

39 타이어 롤러에서 전압은 무엇으로 조정하는가?

① 타이어의 자체중량
② 다짐속도와 밸러스트
③ 밸러스트와 타이어 공기압
④ 다짐속도와 타이어 공기압

⊕해설 타이어 롤러의 전압은 밸러스트(부가하중)와 타이어 공기압으로 조정한다.

40 타이어형 롤러의 바퀴가 상하로 움직이는 목적은?

① 같은 압력으로 지면을 누르기 위함이다.
② 속도가 느려서 능률을 높이기 위함이다.
③ 기초다짐에 효과적으로 사용하기 위함이다.
④ 자갈 및 모래 등의 골재다짐에 용이하기 때문이다.

⊙ 해설 타이어형 롤러의 바퀴가 상하로 움직이도록 하는 이유는 같은 압력으로 지면을 누르기 위함이다.

41 타이어 롤러에서 타이어가 상하로 요동하게 하는 가장 중요한 이유는?

① 승차감을 좋게 하기 위하여
② 경사지에서 안정된 주행을 위하여
③ 타이어를 손상시키지 않게 하기 위하여
④ 하중을 받아 다짐작업이 잘되도록 하기 위하여

⊙ 해설 타이어 롤러의 타이어가 상하로 요동하도록 하는 이유는 하중을 받아 다짐작업이 잘되도록 하기 위함이다.

42 타이어 롤러에서 전축과 후축의 타이어 수가 다른 이유는?

① 다짐속도를 높이기 위하여
② 차체의 균형유지를 위하여
③ 노면을 일정하게 다지기 위하여
④ 차축의 진동을 방지하기 위하여

⊙ 해설 타이어 롤러의 전축(앞차축)과 후축(뒤차축)의 타이어 수가 다른 이유는 노면을 일정하게 다지기 위함이다.

43 타이어 롤러의 타이어 지지기구로 수직가동식, 상호요동식, 바퀴사행식, 고정식 등의 기구가 사용되는데 이 기구들의 주된 작용은 무엇인가?

① 동력의 전달을 원활히 한다.
② 제동능력을 향상시킨다.
③ 노면상태와 관계없이 균일한 하중으로 다짐작업을 할 수 있다.
④ 가속능력과 조향능력 및 등판능력을 향상시킨다.

⊙ 해설 타이어 지지기구의 작용은 노면상태와 관계없이 균일한 하중으로 다짐작업을 할 수 있도록 한다.

44 타이어 롤러의 바퀴지지 방식 중 각 바퀴마다 독립된 유압 실린더 또는 공기 스프링 등을 사용하여 개별 상하운동을 하는 방식은?

① 상호 요동식   ② 고정식
③ 일체 지지식   ④ 수직 가동식

⊙ 해설 **타이어 롤러의 바퀴지지 방식**
• 고정식 : 각 차축이 프레임에 고정되어 있다.
• 상호 요동식 : 프레임에 차축의 중심선이 지지되고 각 바퀴가 상하운동을 한다.
• 수직 가동식(독립 지지식) : 각 바퀴마다 독립된 유압 실린더 또는 공기 스프링 등을 사용하여 개별 상하운동을 한다.

45 타이어 롤러의 뒷바퀴 구동축은 어느 것으로 구동하는가?

① 체인에 의해 구동된다.
② 앞바퀴 축에 의해 구동된다.
③ 추진축이 직접 구동한다.
④ 링 기어가 뒷바퀴 축을 구동한다.

⊙ 해설 타이어 롤러의 뒷바퀴 구동축은 체인으로 구동한다.

46 타이어 롤러의 구동체인의 조정은?

① 디퍼렌셜 기어 하우징의 조정 심으로 한다.
② 구동체인을 늘이거나 줄여서 한다.
③ 뒷바퀴 축이 구동하므로 조정하지 않는다.
④ 타이어의 공기압력을 조정하면 된다.

⊕해설 타이어 롤러의 구동체인의 조정은 디퍼렌셜(차동)기어 하우징의 조정 심으로 한다.

47 타이어 롤러의 주차 시 안전사항으로 틀린 것은?

① 가능한 평탄한 지면을 택한다.
② 부득이하게 경사지에 주차할 때는 경사지에 대하여 직각 주차한다.
③ 경사지에 주차하더라도 주차 제동장치만 체결하면 안전하다.
④ 주차할 때 깃발이나 점멸등과 같은 경고용 신호 장치를 설치한다.

⊕해설 경사지에 주차할 때에는 주차 제동장치를 체결하고 바퀴에 고임목을 고여야 한다.

48 아스팔트 포장 및 흙다짐용으로 사용하는 롤러로 알맞은 것은?

① 시프 풋 롤러와 타이어 롤러
② 로드 롤러와 타이어 롤러
③ 로드 롤러와 탬핑 롤러
④ 진동 롤러와 소일 컴펙터 롤러

⊕해설 아스팔트 포장 및 흙다짐용으로 로드 롤러와 타이어 롤러를 사용한다.

49 롤러의 종류 중 전압식 다짐방법이 아닌 것은?

① 탠덤 롤러   ② 진동 롤러
③ 타이어 롤러   ④ 머캐덤 롤러

⊕해설 진동 롤러는 진동을 이용하는 진동형식이다.

50 진동롤러의 기진력의 크기를 결정하는 요소가 아닌 것은?

① 편심추의 무게   ② 편심추의 편심량
③ 편심추의 회전수 ④ 편심추의 강도

⊕해설 진동 롤러의 기진력의 크기는 편심추의 무게, 편심추의 편심량, 편심추의 회전수로 결정한다.

51 수평방향의 하중이 수직으로 미칠 때 원심력을 가하고 기진력을 서로 조합하여 흙을 다짐하면 적은 무게로 큰 다짐효과를 올릴 수 있는 다짐기계는?

① 탬핑 롤러   ② 머캐덤 롤러
③ 진동 롤러   ④ 탠덤 롤러

⊕해설 진동 롤러는 수평방향의 하중이 수직으로 미칠 때 원심력을 가하고 기진력을 서로 조합하여 흙을 다짐하면 적은 무게로 큰 다짐효과를 올릴 수 있다.

52 진동 롤러에 대한 설명으로 틀린 것은?

① 롤러에 진동을 주어 다짐효과가 증가한다.
② 아스팔트 포장면의 기초 및 마무리 다짐에만 사용한다.
③ 롤러의 자중부족을 차륜 내의 기진기의 원심력으로 보충한다.
④ 동력전달계통은 기진계통과 주행계통을 갖추고 있다.

⊕해설 진동 롤러는 제방 및 도로경사지 모서리 다짐에 사용되며, 또 흙·자갈 등의 다짐에 효과적이다.

53 진동롤러에 대한 설명 중 옳은 것은?

① 기진력을 포함한 동력전달장치가 있다.
② 기진력을 포함하므로 반드시 3축이 필요하다.
③ 다짐능력을 높이기 위한 장치로는 환향클러치를 사용하여야 한다.
④ 진동륜은 고정식으로 유동이 없어야 한다.

⊕해설 진동롤러는 기진계통과 주행계통의 동력전달 계통을 갖추고 있다.

54 유압식 진동롤러의 동력전달 순서로 맞는 것은?

① 기관 → 유압펌프 → 유압제어장치 → 유압모터 → 차동기어장치 → 최종감속장치 → 바퀴
② 기관 → 유압펌프 → 유압제어장치 → 유압모터 → 최종감속장치 → 차동기어장치 → 바퀴
③ 기관 → 유압펌프 → 유압모터 → 유압제어장치 → 차동기어장치 → 최종감속장치 → 바퀴
④ 기관 → 유압펌프 → 유압모터 → 유압제어장치 → 최종감속장치 → 차동기어장치 → 바퀴

⊕해설 유압식 진동롤러의 동력전달 순서는 기관 → 유압펌프 → 유압제어장치 → 유압모터 → 차동기어장치 → 최종감속장치 → 바퀴이다.

55 진동롤러에 대한 설명으로 맞는 것은?

① 진동롤러의 기진장치는 엔진의 폭발을 직접 이용하고 있다.
② 진동롤러는 기진계통과 주행계통의 동력전달 계통을 갖추고 있다.
③ 진동롤러의 진동수가 높을수록 다짐효과는 작다.
④ 진동롤러는 모두 자주식이다.

⊕해설 진동롤러는 기진 계통과 주행계통의 동력전달 계통을 갖추고 있다.

56 자주식 진동롤러가 경사지를 내려올 때 안전한 방법은?

① 구동 타이어를 앞쪽으로 하고 내려온다.
② 드럼 롤러를 앞쪽으로 하고 내려온다.
③ 어느 쪽이나 상관없다.
④ 지그재그 방향으로 내려온다.

⊕해설 진동롤러가 경사지를 내려올 때에는 구동 타이어를 앞쪽으로 하고 내려온다.

57 2륜 철륜롤러에서 안내륜과 연결되어 있는 요크의 주유는?

① 유압오일을 주유한다.
② 그리스를 주유한다.
③ 주유할 필요가 없다.
④ 기어오일을 주유한다.

⊕해설 2륜 철륜롤러의 안내륜과 연결되어 있는 요크에는 그리스를 주유한다.

58 유압구동방식 롤러의 특징으로 틀린 것은?

① 동력의 단절과 연결, 가속이 원활하다.
② 전진·후진의 교체, 변속 등을 한 개의 레버로 변환이 가능하다.
③ 부하에 관계없이 속도조절이 된다.
④ 작동유 관리가 불필요하다.

◉해설 유압구동방식 롤러의 특징은 동력의 단절과 연결, 가속이 원활하고, 전진·후진의 교체, 변속 등을 한 개의 레버로 변환이 가능하며, 부하에 관계없이 속도조절이 된다.

59 유압구동방식 롤러의 정유압 전도장치에 해당하는 것은?

① 엔진 – 유압펌프 – 제어밸브
② 유압펌프 – 제어밸브 – 유압모터
③ 제어밸브 – 유압모터 – 차동장치
④ 유압모터 – 차동장치 – 종감속장치

◉해설 정유압 전도장치는 유압펌프 – 제어밸브 – 유압모터로 구성된다.

60 롤러의 유압실린더 적용으로 옳은 것은?

① 방향전환에 사용한다.
② 살수장치에 사용한다.
③ 메인클러치 차단에 사용한다.
④ 역전장치에 사용한다.

◉해설 롤러의 유압실린더는 방향을 전환하는 데 사용된다.

61 머캐덤 롤러 다짐작업 시 후방 롤 쪽의 몇 %가 겹치도록 다짐작업을 해야 가장 이상적인 다짐작업인가?

① 약 30%   ② 약 50%
③ 약 70%   ④ 약 90%

◉해설 머캐덤 롤러로 다짐작업을 할 때 후방 롤 쪽의 약 50%가 겹치도록 다짐작업을 해야 가장 이상적인 다짐작업이다.

62 롤러의 다짐작업 방법으로 틀린 것은?

① 소정의 접지압력을 받을 수 있도록 부가하중을 증감한다.
② 다짐작업 시 정지시간은 길게 한다.
③ 다짐작업 시 급격한 조향은 하지 않는다.
④ 1/2씩 중첩다짐을 한다.

◉해설 다짐작업을 할 때 전·후진 조작은 원활히 하고 정지시간은 짧게 한다.

63 아스팔트 포장 롤러 다짐작업 방법으로 틀린 것은?

① 다짐작업은 연결되는 부분부터 시작한다.
② 낮은 쪽에서 높은 쪽으로 작업한다.
③ 롤러의 종동륜(從動輪)을 전진방향으로 앞세워서 작업한다.
④ 같은 위치에서 정지되지 않도록 작업한다.

◉해설 롤러의 구동륜을 전진방향으로 앞세워서 작업한다.

64 모래나 자갈 등을 많이 포함하여 점착력이 적은 흙에 대해 다짐하는 방법으로 옳은 것은?

① 조용히 압축하여 다진다.
② 진동하여 다진다.
③ 충격으로 다진다.
④ 발폭으로 다진다.

◉해설 모래나 자갈 등을 많이 포함 포함하여 점착력이 적은 흙은 조용히 압축하여 다져야 한다.

65 롤러의 운전조작 중 옳지 않은 것은?

① 주차할 때 반드시 주차 브레이크를 작동시킨다.

② 다짐작업은 대각선 방향으로 한다.

③ 클러치 조작은 반클러치를 사용하지 않도록 한다.

④ 전·후진 시의 변속은 정지시킨 다음에 한다.

⊕해설 다짐작업은 직선방향으로 한다.

66 롤러로 다짐작업 시 주의해야 할 사항으로 틀린 것은?

① 소정의 접지압을 받도록 밸러스트(ballast)를 증감한다.

② 다짐작업 시 전·후진 조작을 원활히 하고 정지시간을 적게 해야 한다.

③ 다짐작업 시는 주행속도를 증감시켜서 다짐효과를 얻도록 한다.

④ 다짐작업 시 조향할 경우 급격한 조향은 피해야 한다.

⊕해설 다짐작업을 할 때 주행속도는 일정하게 하여야 한다.

67 롤러의 다짐 압력을 높이기 위해 사용하는 것은?

① 가열장치(예열장치)

② 전·후진기(역전장치)

③ 전압력(선압)

④ 부하하중(밸러스트)

⊕해설 부하하중(밸러스트)은 롤러의 다짐 압력을 높이기 위해 롤 속에 폐유, 오일, 중유 등을 넣는 것이다.

68 다음 중 밸러스트(부가하중)을 적재할 수 없는 것은?

① 탬퍼   ② 타이어 롤러

③ 머캐덤 롤러   ④ 탬핑 롤러

⊕해설 탬퍼에는 밸러스트를 적재할 수 없다.

69 아스팔트 다짐(롤링)작업 시 바퀴에 물을 뿌리는 이유는?

① 바퀴를 냉각시키기 위해

② 아스팔트를 냉각시키기 위해

③ 브레이크 성능을 좋게 하기 위해

④ 바퀴에 아스팔트 부착방지를 위해

⊕해설 아스팔트 다짐(롤링)작업을 할 때 바퀴에 물을 뿌리는 이유는 바퀴에 아스팔트 부착방지를 위함이다.

70 다음 중 롤러에서 사용하는 살수방식이 아닌 것은?

① 물 펌프 압송방식

② 상호교환 방식

③ 중력방식

④ 물탱크 가압방식

⊕해설 롤러의 살수방식에는 물 펌프 압송방식, 중력방식, 물탱크 가압방식이 있다.

71 롤러 살수장치에서 노즐분사 방식으로 옳은 것은?

① 기계식 또는 전기식

② 기계식 또는 수압식

③ 수압식 또는 기계식

④ 전자식 또는 전기식

⊕해설 살수장치의 노즐분사 방식에는 기계식과 전기식이 있다.

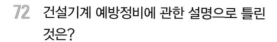

72 건설기계 예방정비에 관한 설명으로 틀린 것은?

① 운전자와는 관련이 없다.
② 계획표를 작성하여 실시하면 효과적이다.
③ 건설기계의 수명·성능유지 등에 효과가 있다.
④ 사고나 고장 등을 사전에 예방하기 위해 실시한다.

해설 예방정비(일상점검)는 운전 전·중·후 행하는 점검이며 운전자가 하여야 하는 정비이다.

73 롤러의 엔진시동 전 점검사항이 아닌 것은?

① 냉각수량
② 연료량
③ 엔진의 출력상태
④ 작동유 누유상태

74 작업 전 점검사항으로 엔진시동 전에 해야 할 내용과 관계없는 것은?

① 연료 및 오일의 누유 점검
② 타이어 손상 및 공기압 점검
③ 좌우 바퀴의 허브너트 체결점검
④ 이상소음 및 이상 진동점검

해설 이상소음 및 이상 진동점검은 운전 중에 한다.

75 롤러의 일일점검 사항이 아닌 것은?

① 엔진오일 점검
② 축전지 전해액 점검
③ 연료양 점검
④ 냉각수 점검

76 롤러의 운전 중 점검사항이 아닌 것은?

① 냉각수 온도   ② 유압유 온도
③ 엔진 회전수   ④ 변속기 회전수

77 롤러작업 후 점검 및 관리사항이 아닌 것은?

① 깨끗하게 유지 및 관리할 것
② 부족한 연료량을 보충할 것
③ 작업 후 항상 모든 타이어를 로테이션 할 것
④ 볼트·너트 등의 풀림 상태를 점검할 것

78 롤러의 하체구성 부품에서 마모가 증가되는 원인이 아닌 것은?

① 부품끼리 접촉이 증가할 때
② 부품끼리 상대운동이 증가할 때
③ 부품에 윤활막이 유지될 때
④ 부품에 부하가 가해졌을 때

해설 부품에 윤활막이 유지되지 않으면 구성부품의 마모가 증가한다.

79 롤러의 누유 및 누수의 점검사항으로 틀린 것은?

① 롤러의 다음 작업을 위하여 운행 후 장비의 상태를 점검한다.
② 롤러를 점검하기 위하여 지면에 떨어진 누유여부를 확인하고 조치한다.
③ 기관의 원활한 작동을 위하여 냉각장치에서 발생된 냉각수 누수를 확인하고 조치한다.
④ 작동 중 냉각수 누수가 확인되면 즉시 라디에이터 캡을 열어 확인한다.

해설 라디에이터 캡을 열 때에는 냉각장치 내의 냉각수가 식은 다음에 열어야 한다.

Part
2

실전 모의고사

1회 실전 모의고사

01 안전작업 사항으로 잘못된 것은?

① 전기장치는 접지를 하고 이동식 전기 기구는 방호장치를 설치한다.
② 엔진에서 배출되는 일산화탄소에 대비한 통풍장치를 한다.
③ 담뱃불은 발화력이 약하므로 제한장소 없이 흡연해도 무방하다.
④ 주요장비 등은 조작자를 지정하여 아무나 조작하지 않도록 한다.

02 현장에서 작업자가 작업 안전상 꼭 알아 두어야 할 사항은?

① 장비의 가격
② 종업원의 작업환경
③ 종업원의 기술정도
④ 안전규칙 및 수칙

03 전장품을 안전하게 보호하는 퓨즈의 사용법으로 틀린 것은?

① 퓨즈가 없으면 임시로 철사를 감아서 사용한다.
② 회로에 맞는 전류 용량의 퓨즈를 사용한다.
③ 오래되어 산화된 퓨즈는 미리 교환한다.
④ 과열되어 끊어진 퓨즈는 과열된 원인을 먼저 수리한다.

04 망치(hammer)작업을 할 때 옳은 것은?

① 망치자루의 가운데 부분을 잡아 놓치지 않도록 할 것
② 손은 다치지 않게 장갑을 착용할 것
③ 타격할 때 처음과 마지막에 힘을 많이 가하지 말 것
④ 열처리된 재료는 반드시 해머작업을 할 것

05 유류화재의 소화용으로 가장 거리가 먼 것은?

① 물   ② 소화기
③ 모래   ④ 흙

06 산업체에서 안전을 지킴으로서 얻을 수 있는 이점과 가장 거리가 먼 것은?

① 직장의 신뢰도를 높여준다.
② 직장 내 상하 동료 간 인간관계 개선 효과가 기대된다.
③ 기업의 투자경비가 늘어난다.
④ 사내 안전수칙이 준수되어 질서유지가 실현된다.

07 먼지가 많은 장소에서 착용하여야 하는 마스크는?

① 방독마스크   ② 산소마스크
③ 방진마스크   ④ 일반마스크

08 작업장에서 공동 작업으로 물건을 들어 이동할 때 잘못된 것은?

① 힘의 균형을 유지하여 이동할 것
② 불안전한 물건은 드는 방법에 주의할 것
③ 보조를 맞추어 들도록 할 것
④ 운반도중 상대방에게 무리하게 힘을 가할 것

09 아크용접에서 눈을 보호하기 위한 보안경 선택으로 맞는 것은?

① 도수 안경
② 방진 안경
③ 차광용 안경
④ 실험실용 안경

10 정비작업을 할 때 안전에 가장 위배되는 것은?

① 깨끗하고 먼지가 없는 작업환경을 조성한다.
② 회전부분에 옷이나 손이 닿지 않도록 한다.
③ 연료를 채운 상태에서 연료통을 용접한다.
④ 가연성 물질을 취급할 경우에는 소화기를 준비한다.

11 로드 롤러의 변속기에서 심한 잡음이 나는 원인이 아닌 것은?

① 오일펌프의 압력이 높을 때
② 윤활유가 부족할 때
③ 기어가 마모 및 손상되었을 때
④ 기어 샤프트 지지 베어링이 마모 및 손상되었을 때

12 롤러에 부착된 부품을 확인하였더니 13.00 −24−18PR로 명기되어 있을 때 해당되는 것은?

① 유압펌프 출력
② 엔진 일련번호
③ 타이어 규격
④ 시동모터 용량

13 클러치의 구비조건으로 틀린 것은?

① 동력차단이 신속할 것
② 구조가 복잡할 것
③ 방열이 잘될 것
④ 회전부분 평형이 좋을 것

14 작업 전 점검사항으로 시동 전에 해야 할 내용과 관계없는 것은?

① 연료 및 오일의 누유점검
② 타이어 손상 및 공기압 점검
③ 좌우 차륜의 허브너트 체결점검
④ 이상소음 및 이상 진동점검

15 유압조향방식 롤러에서 조향불능 원인으로 틀린 것은?

① 유압펌프 결함
② 밸러스트 불량
③ 조향 유압실린더 결함
④ 유압호스 파손

16 머캐덤 롤러의 클러치가 미끄러지는 원인에 대한 설명으로 틀린 것은?

① 클러치 스프링의 노후
② 라이닝에 기름이 묻었을 때
③ 클러치 릴리스 레버 선단의 마모
④ 클러치판의 마모

17 롤러의 성능과 능력을 나타내는 것이 아닌 것은?

① 선압, 윤하중
② 다짐폭, 접지압
③ 기진력, 윤거
④ 다짐폭, 기진력

18 제동장치 중 주브레이크에 속하지 않는 것은?

① 유압 브레이크
② 배력 브레이크
③ 공기 브레이크
④ 배기 브레이크

19 롤러의 종 감속장치에서 동력전달방식이 아닌 것은?

① 평기어 방식
② 벨트구동 방식
③ 체인구동 방식
④ 베벨기어 방식

20 로드롤러의 동력전달 순서로 맞는 것은?

① 엔진 → 클러치 → 차동장치 → 역전기 → 롤
② 엔진 → 클러치 → 역전기 → 변속기 → 롤 → 종 감속장치
③ 엔진 → 클러치 → 변속기 → 역전기 → 종 감속장치 → 롤
④ 엔진 → 클러치 → 변속기 → 차동장치 → 롤

21 롤러의 다짐 방식에 의한 분류가 아닌 것은?

① 전압형식
② 전류형식
③ 진동형식
④ 충격형식

22 타이어식 롤러에서 타이어가 상·하로 요동하게 하는 가장 중요한 이유는?

① 승차감을 좋게 하기 위하여
② 경사지에서 안정된 주행을 위하여
③ 타이어를 손상시키지 않게 하기 위하여
④ 하중을 받아 다짐 작업이 잘되도록 하기 위하여

23 롤러의 일일점검 사항이 아닌 것은?

① 엔진오일 점검
② 축전지 전해액 비중점검
③ 연료양 점검
④ 냉각수 점검

24 머캐덤 롤러의 전륜(앞바퀴)에 대한 설명으로 틀린 것은?

① 조향은 유압방식이다.
② 전륜축은 베어링으로 지지한다.
③ 킹핀이 설치되어 있다.
④ 브레이크 장치가 설치되어 있다.

25 건설기계로 작업할 때 주의하여야 할 전압별 전기 이격거리를 나타낸 것 중 틀린 것은?

① 154,000V, 5m
② 22,000V, 3m
③ 6,600V, 2m
④ 100V, 1m

26 롤러 중량표시 중 8~12톤의 설명으로 맞는 것은?

① 자체중량 12톤, 밸러스트 중량 8톤
② 자체중량 8톤, 밸러스트 중량 12톤
③ 자체중량 8톤, 밸러스트 중량 4톤
④ 자체중량 4톤, 밸러스트 중량 12톤

27 유압구동 방식 롤러의 정유압 전도장치에 해당하는 것은?

① 엔진 – 유압펌프 – 제어밸브
② 유압펌프 – 제어밸브 – 유압모터
③ 제어밸브 – 유압모터 – 차동장치
④ 유압모터 – 차종장치 – 종 감속장치

28 공사현장에서 작업의 안전수칙으로 틀린 것은?

① 급회전이나 급정지를 금한다.
② 장비 능력의 범위에서도 최대한 작업 한다.
③ 장비의 예방정비를 철저히 한다.
④ 장비 본래의 용도 이외에 사용을 금 한다.

29 롤러의 하체 구성부품에서 마모가 증가되는 원인이 아닌 것은?

① 부품끼리 접촉이 증가할 때
② 부품끼리 상대운동이 증가할 때
③ 부품에 윤활막이 유지될 때
④ 부품에 부하가 가해졌을 때

30 자재이음의 종류가 아닌 것은?

① 플렉시블이음
② 트러니언이음
③ 십자이음
④ 커플이음

31 건설기계관련법상 건설기계의 정의를 가 장 올바르게 한 것은?

① 건설공사에 사용할 수 있는 기계로서 대통령령이 정하는 것을 말한다.
② 건설현장에서 운행하는 장비로서 대 통령령이 정하는 것을 말한다.
③ 건설공사에 사용할 수 있는 기계로서 국토교통부령이 정하는 것을 말한다.
④ 건설현장에서 운행하는 장비로서 국 토교통부령이 정하는 것을 말한다.

32 제1종 대형자동차 면허로 조종할 수 없는 건설기계는?

① 콘크리트 펌프
② 노상안정기
③ 아스팔트 살포기
④ 타이어식 기중기

33 건설기계정비업 등록을 하지 아니한 자가 할 수 있는 정비범위가 아닌 것은?

① 오일의 보충
② 창유리 교환
③ 제동장치 수리
④ 트랙의 장력조정

34 건설기계를 주택가 주변에 세워두어 교통 소통을 방해하거나 소음 등으로 주민의 생활환경을 침해한 자에 대한 벌칙은?

① 200만 원 이하의 벌금
② 100만 원 이하의 벌금
③ 100만 원 이하의 과태료
④ 50만 원 이하의 과태료

35 건설기계 총중량을 산정할 때 승차인원 1명의 체중으로 맞는 것은?

① 50kg　　② 55kg
③ 60kg　　④ 65kg

36 건설기계의 수시검사 대상이 아닌 것은?

① 구조를 변경한 건설기계
② 사고가 자주 발생하는 건설기계
③ 성능이 불량한 건설기계
④ 소유자가 수시검사를 신청한 건설기계

37 등록되지 아니하거나 등록말소된 건설기계를 사용한 자에 대한 벌칙은?

① 1년 이하의 징역 또는 1,000만 원 이하 벌금
② 2년 이하의 징역 또는 2,000만 원 이하 벌금
③ 100만 원 이하 벌금
④ 300만 원 이하 벌금

38 건설기계 등록신청에 대한 설명으로 맞는 것은? (단, 전시·사변 등 국가비상사태 하의 경우 제외)

① 시·군·구청장에게 취득한 날로부터 1개월 이내 등록신청을 한다.
② 시·도지사에게 취득한 날로부터 2개월 이내 등록신청을 한다.
③ 시·군·구청장에게 취득한 날로부터 10일 이내 등록신청을 한다.
④ 시·도지사에게 취득한 날로부터 15일 이내 등록신청을 한다.

39 건설기계소유자는 건설기계를 도난당한 날로부터 얼마 이내에 등록말소를 신청해야 하는가?

① 30일 이내　　② 2개월 이내
③ 3개월 이내　　④ 6개월 이내

40 대형건설기계의 범위에 속하지 않는 것은?

① 최소회전 반경이 13m인 건설기계
② 길이가 17m인 건설기계
③ 너비가 3m인 건설기계
④ 높이가 3m인 건설기계

41 습식 공기청정기에 대한 설명이 아닌 것은?

① 공기청정기는 일정시간 사용 후 무조건 신품으로 교환해야 한다.
② 흡입공기는 오일로 적셔진 여과망을 통과시켜 여과시킨다.
③ 공기청정기 케이스 밑에는 일정한 양의 오일이 들어 있다.
④ 청정효율은 공기량이 증가할수록 높아지며, 회전속도가 빠르면 효율이 좋아진다.

42 디젤기관에서 분사펌프로부터 보내진 고압의 연료를 미세한 안개모양으로 연소실에 분사하는 부품은?

① 분사노즐　　② 커먼레일
③ 분사펌프　　④ 공급펌프

43 납산축전지에서 격리판의 역할은?

① 전해액의 증발을 방지한다.
② 과산화납으로 변화되는 것을 방지한다.
③ 전해액의 화학작용을 방지한다.
④ 음극판과 양극판의 절연성을 높인다.

44 기관에서 사용되는 일체형 실린더의 특징이 아닌 것은?

① 냉각수 누출 우려가 적다.
② 라이너 형식보다 내마모성이 높다.
③ 부품수가 적고 중량이 가볍다.
④ 강성 및 강도가 크다.

45 기동전동기에서 전기자 철심을 여러 층으로 겹쳐서 만드는 이유는?

① 자력선 감소
② 소형 경량화
③ 맴돌이 전류 감소
④ 온도상승 촉진

46 디젤기관에 사용되는 연료의 구비조건으로 옳은 것은?

① 점도가 높고 약간의 수분이 섞여 있을 것
② 발열량이 클 것
③ 착화점이 높을 것
④ 황의 함유량이 클 것

47 기관의 윤활장치에서 엔진오일의 여과방식이 아닌 것은?

① 전류식   ② 샨트식
③ 합류식   ④ 분류식

48 직류발전기 구성부품이 아닌 것은?

① 로터코일과 실리콘다이오드
② 전기자 코일과 정류자
③ 계철과 계자철심
④ 계자코일과 브러시

49 기관 과열의 원인이 아닌 것은?

① 히터스위치 고장
② 수온조절기의 고장
③ 헐거워진 냉각팬 벨트
④ 물 통로 내의 물 때(scale)

50 전조등 형식 중 내부에 불활성 가스가 들어 있으며, 광도의 변화가 적은 것은?

① 로우 빔 형식
② 하이 빔 형식
③ 실드 빔 형식
④ 세미실드 빔 형식

51 유압모터의 회전속도가 규정 속도보다 느릴 경우, 그 원인이 아닌 것은?

① 유압펌프의 오일 토출유량 과다
② 각 작동부의 마모 또는 파손
③ 유압유의 유입량 부족
④ 오일의 내부누설

52 유압유(작동유)의 온도상승 원인에 해당하지 않는 것은?

① 작동유의 점도가 너무 높을 때
② 유압모터 내에서 내부마찰이 발생될 때
③ 유압회로 내의 작동압력이 너무 낮을 때
④ 유압회로 내에서 공동현상이 발생될 때

53 유압장치의 장점이 아닌 것은?

① 속도제어가 용이하다.
② 힘의 연속적 제어가 용이하다.
③ 온도의 영향을 많이 받는다.
④ 윤활성, 내마멸성, 방청성이 좋다.

54 작동유에 수분이 혼입되었을 때 나타나는 현상이 아닌 것은?

① 윤활능력 저하
② 작동유의 열화 촉진
③ 유압기기의 마모 촉진
④ 오일탱크의 오버플로

55 유압회로 내의 압력이 설정압력에 도달하면 유압펌프에서 토출된 오일을 전부 오일탱크로 회송시켜 유압펌프를 무부하로 운전시키는 데 사용하는 밸브는?

① 체크 밸브
② 시퀀스 밸브
③ 언로드 밸브
④ 카운터밸런스 밸브

56 축압기(accumulator)의 사용목적이 아닌 것은?

① 압력보상
② 유체의 맥동감쇠
③ 유압회로 내의 압력제어
④ 보조 동력원으로 사용

57 유체의 압력에 영향을 주는 요소로 가장 관계가 적은 것은?

① 유체의 점도
② 관로의 직경
③ 유체의 흐름량
④ 작동유 탱크 용량

58 유압 펌프의 종류에 포함되지 않는 것은?

① 기어 펌프　　② 진공 펌프
③ 베인 펌프　　④ 플런저 펌프

59 작업 중 유압회로 내의 유압이 상승되지 않을 때의 점검사항으로 적합하지 않은 것은?

① 오일탱크의 오일량 점검
② 오일이 누출되었는지 점검
③ 펌프로부터 유압이 발생되는지 점검
④ 자기탐상법에 의한 작업장치의 균열 점검

60 유압회로에서 오일을 한쪽 방향으로만 흐르도록 하는 밸브는?

① 릴리프 밸브　　② 파일럿 밸브
③ 체크 밸브　　④ 오리피스 밸브

01 유압장치 내부에 국부적으로 높은 압력이 발생하여 소음과 진동이 발생하는 현상은?

① 노이즈　　　② 벤트포트
③ 캐비테이션　④ 오리피스

02 유압장치에 주로 사용하는 펌프형식이 아닌 것은?

① 베인 펌프　　② 플런저 펌프
③ 분사펌프　　　④ 기어펌프

03 재해발생 원인이 아닌 것은?

① 잘못된 작업방법
② 관리감독 소홀
③ 방호장치의 기능제거
④ 작업 장치 회전반경 내 출입금지

04 안전하게 공구를 취급하는 방법으로 적합하지 않은 것은?

① 공구를 사용한 후 제자리에 정리하여 둔다.
② 끝부분이 예리한 공구 등을 주머니에 넣고 작업을 하여서는 안 된다.
③ 공구를 사용 전에 손잡이에 묻은 기름 등은 닦아내어야 한다.
④ 숙달이 되면 옆 작업자에게 공구를 던져서 전달하여 작업능률을 올린다.

05 공구 및 장비사용에 대한 설명으로 틀린 것은?

① 공구는 사용 후 공구상자에 넣어 보관한다.
② 볼트와 너트는 가능한 소켓렌치로 작업한다.
③ 토크렌치는 볼트와 너트를 푸는 데 사용한다.
④ 마이크로미터를 보관할 때는 직사광선에 노출시키지 않는다.

06 안전모에 대한 설명으로 바르지 않은 것은?

① 알맞은 규격으로 성능시험 합격품이어야 한다.
② 구멍을 뚫어서 통풍이 잘되게 하여 착용한다.
③ 각종 위험으로부터 보호할 수 있는 종류의 안전모를 선택해야 한다.
④ 가볍고 성능이 우수하며 머리에 꼭 맞고 충격흡수성이 좋아야 한다.

07 작업장에서 작업복을 착용하는 이유로 가장 옳은 것은?

① 작업장의 질서를 확립시키기 위해서
② 작업자의 직책과 직급을 알리기 위해서
③ 재해로부터 작업자의 몸을 보호하기 위해서
④ 작업자의 복장통일을 위해서

08 중량물 운반 작업을 할 때 착용하여야 할 안전화로 가장 적절한 것은?

① 중작업용　　② 보통작업용
③ 경작업용　　④ 절연용

09 작업할 때 보안경 착용에 대한 설명으로 틀린 것은?

① 가스용접을 할 때는 보안경을 착용해야 한다.
② 절단하거나 깎는 작업을 할 때는 보안경을 착용해서는 안 된다.
③ 아크용접을 할 때는 보안경을 착용해야 한다.
④ 특수용접을 할 때는 보안경을 착용해야 한다.

10 구동벨트를 점검할 때 기관의 상태는?

① 공회전 상태　　② 급가속 상태
③ 정지 상태　　　④ 급감속 상태

11 사고를 일으킬 수 있는 직접적인 재해의 원인은?

① 기술적 원인
② 교육적 원인
③ 작업관리의 원인
④ 불안전한 행동의 원인

12 안전수칙을 지킴으로 발생될 수 있는 효과로 가장 거리가 먼 것은?

① 기업의 신뢰도를 높여준다.
② 기업의 이직률이 감소된다.
③ 기업의 투자경비가 늘어난다.
④ 상하 동료 간의 인간관계가 개선된다.

13 진동 롤러에 대한 설명으로 틀린 것은?

① 롤러에 진동을 주어 다짐효과가 증가한다.
② 아스팔트 포장면의 기초 및 마무리 다짐에만 사용한다.
③ 롤러의 자중부족을 차륜 내의 기진기의 원심력으로 보충한다.
④ 동력전달계통은 기진계통과 주행계통을 갖추고 있다.

14 타이어 롤러를 주차할 때 안전사항으로 틀린 것은?

① 가능한 평탄한 지면을 선택한다.
② 부득이하게 경사지에 주차할 때는 경사지에 대하여 직각 주차한다.
③ 경사지에 주차하더라도 주차제동장치만 체결하면 안전하다.
④ 주차할 때 깃발이나 점멸등과 같은 경고용 신호 장치를 설치한다.

15 로드 롤러의 동력전달 순서가 바른 것은?

① 기관 → 클러치 → 차동장치 → 변속기 → 뒤 차축 → 뒤 차륜
② 기관 → 변속기 → 종 감속장치 → 클러치 → 뒤 차축 → 뒤 차륜
③ 기관 → 클러치 → 차동장치 → 변속기 → 종 감속장치 → 뒤 차축 → 뒤 차륜
④ 기관 → 클러치 → 변속기 → 감속기어 → 차동장치 → 최종감속기어 → 뒤 차륜

16 3륜의 철륜으로 구성되어 아스팔트 포장면의 초기다짐에 사용되는 롤러는?

① 타이어 롤러 　② 탬핑 롤러
③ 머캐덤 롤러 　④ 진동롤러

17 롤러의 엔진오일이 갖춰야 할 기능이 아닌 것은?

① 마모방지성이 있어야 한다.
② 엔진의 배기가스 농도조정과 출력증대 성분이 있어야 한다.
③ 마찰감소, 녹과 부식의 방지성이 있어야 한다.
④ 냉각성능, 밀봉성능, 기포발생방지성이 있어야 한다.

18 타이어 롤러의 특징에 관한 설명으로 틀린 것은?

① 타이어는 내압변화가 적고 접지압력 분포가 균일한 전용타이어를 사용한다.
② 다짐속도가 비교적 빠르다.
③ 보조기층 다짐높이는 약 50cm를 표준으로 하는 것이 바람직하다.
④ 타이어형 롤러의 차륜지지 방식은 고정식, 상호요동 방식, 독립지지 방식이 있다.

19 롤러의 규격이 8–12톤이라고 표시될 때 이 규격의 의미는?

① 전륜 하중이 2톤이고 후륜 하중이 4톤이다.
② 전륜 하중이 2톤이고 전체 하중이 6톤이다.
③ 자중이 8톤이고 4톤의 부가하중(밸러스트)을 가중시킬 수 있다.
④ 전륜 하중이 12톤이고 후륜 하중이 8톤이다.

20 롤러의 예방정비에 대한 설명 중 틀린 것은?

① 예기치 않은 고장이나 사고를 사전에 방지하기 위하여 행하는 정비이다.
② 예방정비를 실시할 때는 일정한 계획표를 작성 후 실시하는 것이 바람직하다.
③ 예방정비의 효과는 장비의 수명연장, 성능유지, 수리비 절감 등이 있다.
④ 예방정비는 정비사만 할 수 있다.

21 머캐덤 롤러의 차동제한장치가 작용할 때는 언제인가?

① 변속을 할 때
② 이동거리가 멀 때
③ 차륜이 슬립할 때
④ 제동할 때

22 롤러의 구분으로 틀린 것은?

① 쇄석 롤러 　② 머캐덤 롤러
③ 탠덤 롤러 　④ 탬핑 롤러

23 아스팔트 다짐에 타이어 롤러를 사용하는 이유로 타당하지 않은 것은?

① 다짐 속도가 빠르기 때문이다.
② 균일한 밀도를 얻을 수 있기 때문이다.
③ 타이어 공기압을 이용하여 다짐력을 조정할 수 있기 때문이다.
④ 아스팔트가 타이어 롤러에 접착되기 때문이다.

24 롤러의 유압실린더 적용으로 가장 적절한 것은?

① 방향전환에 사용한다.
② 살수장치에 사용한다.
③ 메인클러치 차단에 사용한다.
④ 역전장치에 사용한다.

25 자주식 진동롤러가 경사지를 내려올 때 안전한 방법은?

① 구동 타이어를 앞쪽으로 하고 내려온다.
② 드럼 롤러를 앞쪽으로 하고 내려온다.
③ 어느 쪽이나 상관없다.
④ 지그재그 방향으로 내려온다.

26 롤러의 시동 전 점검사항이 아닌 것은?

① 냉각수량
② 연료량
③ 기관의 출력상태
④ 작동유 누유 상태

27 롤러 작업 후 점검 및 관리사항이 아닌 것은?

① 깨끗하게 유지 관리할 것
② 부족한 연료량을 보충할 것
③ 작업 후 항상 모든 타이어를 로테이션 할 것
④ 볼트·너트 등의 풀림 상태를 점검할 것

28 도로의 성토, 하천제방, 어스 댐(earth dam) 등 넓은 면적을 두꺼운 층으로 균일한 다짐을 요하는 경우 사용되는 롤러는?

① 탠덤 롤러
② 머캐덤 롤러
③ 타이어 롤러
④ 탬핑 롤러

29 자주식 롤러에 해당되지 않는 것은?

① 피견인식 진동롤러
② 머캐덤 롤러
③ 탠덤롤러
④ 타이어식 롤러

30 유압방식 진동롤러의 동력전달 순서로 맞는 것은?

① 기관 → 유압펌프 → 유압제어장치 → 유압모터 → 차동기어장치 → 최종감속장치 → 바퀴
② 기관 → 유압펌프 → 유압제어장치 → 유압모터 → 최종감속장치 → 차동기어장치 → 바퀴
③ 기관 → 유압펌프 → 유압모터 → 유압제어장치 → 차동기어장치 → 최종감속장치 → 바퀴
④ 기관 → 유압펌프 → 유압모터 → 유압제어장치 → 최종감속장치 → 차동기어장치 → 바퀴

31 시·도지사로부터 등록번호표 제작통지 등에 관한 통지서를 받은 건설기계소유자는 받은 날로부터 며칠 이내에 등록번호표 제작자에게 제작신청을 하여야 하는가?

① 3일
② 10일
③ 20일
④ 30일

32 건설기계관리법상 대형건설기계의 범위에 해당하지 않는 것은?

① 높이가 4미터를 초과하는 건설기계
② 길이가 10미터를 초과하는 건설기계
③ 총중량이 40톤을 초과하는 건설기계
④ 최소회전반경이 12미터를 초과하는 건설기계

33 건설기계의 정기검사 유효기간이 1년이 되는 것은 신규등록일로부터 몇 년이 초과되었을 때인가?

① 5년
② 10년
③ 15년
④ 20년

34 건설기계조종사 면허가 취소되었을 경우 그 사유가 발생한 날부터 며칠 이내에 면허증을 반납하여야 하는가?

① 7일 이내
② 10일 이내
③ 14일 이내
④ 30일 이내

35 건설기계조종사의 면허취소사유에 해당되지 않는 것은?

① 건설기계의 조종 중 고의로 인명피해를 입힌 때
② 술에 만취한 상태(혈중 알코올농도 0.08% 이상)에서 건설기계를 조종한 때
③ 정기검사를 받은 건설기계를 조종하였을 때
④ 건설기계조종사면허증을 다른 사람에게 빌려 준 경우

36 건설기계의 정기검사신청기간 내에 정기검사를 받은 경우, 다음 정기검사유효기간의 산정방법으로 옳은 것은?

① 정기검사를 받은 날부터 기산한다.
② 정기검사를 받은 날의 다음날부터 기산한다.
③ 종전 검사유효기간 만료일부터 기산한다.
④ 종전 검사유효기간 만료일의 다음날부터 기산한다.

37 소유자의 신청이나 시·도지사의 직권으로 건설기계의 등록을 말소할 수 있는 경우가 아닌 것은?

① 건설기계를 수출하는 경우
② 건설기계를 도난당한 경우
③ 건설기계 정기검사에 불합격된 경우
④ 건설기계의 차대가 등록 시의 차대와 다른 경우

38 건설기계조종사면허를 받지 아니하고 건설기계를 조종한 자에 대한 벌칙 기준은?

① 2년 이하의 징역 또는 1,000만 원 이하의 벌금
② 1년 이하의 징역 또는 1,000만 원 이하의 벌금
③ 200만 원 이하의 벌금
④ 100만 원 이하의 벌금

39 건설기계관리법상 구조변경검사를 받지 아니한 자에 대한 처벌은?

① 1년 이하의 징역 또는 1,000만 원 이하의 벌금

② 1년 이하의 징역 또는 1,500만 원 이하의 벌금

③ 2년 이하의 징역 또는 2,000만 원 이하의 벌금

④ 2년 이하의 징역 또는 2,500만 원 이하의 벌금

40 건설기계관리법상 건설기계의 구조를 변경할 수 있는 범위에 해당되는 것은?

① 원동기의 형식변경

② 건설기계의 기종변경

③ 육상작업용 건설기계의 규격을 증가시키기 위한 구조변경

④ 육상작업용 건설기계의 적재함 용량을 증가시키기 위한 구조변경

41 4행정 사이클 기관의 행정순서로 맞는 것은?

① 압축 → 동력 → 흡입 → 배기

② 흡입 → 동력 → 압축 → 배기

③ 압축 → 흡입 → 동력 → 배기

④ 흡입 → 압축 → 동력 → 배기

42 기관의 동력을 전달하는 계통의 순서를 바르게 나타낸 것은?

① 피스톤 → 커넥팅로드 → 클러치 → 크랭크축

② 피스톤 → 클러치 → 크랭크축 → 커넥팅로드

③ 피스톤 → 크랭크축 → 커넥팅로드 → 클러치

④ 피스톤 → 커넥팅로드 → 크랭크축 → 클러치

43 롤러작업 후 탱크에 연료를 가득 채워주는 이유와 가장 관련이 적은 것은?

① 다음의 작업을 준비하기 위해서

② 연료의 기포방지를 위해서

③ 연료탱크에 수분이 생기는 것을 방지하기 위해서

④ 연료의 압력을 높이기 위해서

44 실린더와 피스톤 사이에 유막을 형성하여 압축 및 연소가스가 누설되지 않도록 기밀을 유지하는 작용으로 옳은 것은?

① 밀봉작용　　② 감마작용

③ 냉각작용　　④ 방청작용

45 기관에 사용되는 여과장치가 아닌 것은?

① 공기청정기

② 오일필터

③ 오일 스트레이너

④ 인젝션 타이머

46 가압방식 라디에이터의 장점으로 틀린 것은?

① 방열기를 작게 할 수 있다.
② 냉각수의 비등점을 높일 수 있다.
③ 냉각수의 순환속도가 빠르다.
④ 냉각장치의 효율을 높일 수 있다.

47 퓨즈에 대한 설명 중 틀린 것은?

① 퓨즈는 정격용량을 사용한다.
② 퓨즈용량은 A로 표시한다.
③ 퓨즈는 가는 구리선으로 대용된다.
④ 퓨즈는 표면이 산화되면 끊어지기 쉽다.

48 축전지 내부의 충·방전작용으로 가장 알맞은 것은?

① 화학작용　　② 탄성작용
③ 물리작용　　④ 기계작용

49 롤러에서 주로 사용되는 기동전동기로 맞는 것은?

① 직류분권 전동기
② 직류직권 전동기
③ 직류복권 전동기
④ 교류 전동기

50 교류발전기의 부품이 아닌 것은?

① 다이오드　　② 슬립링
③ 스테이터 코일　④ 전류 조정기

51 유성기어장치의 주요부품으로 맞는 것은?

① 클러치기어, 유성기어, 링 기어, 유성 캐리어
② 선 기어, 유성기어, 링 기어, 유성캐리어
③ 선 기어, 베벨기어, 링 기어, 유성캐리어
④ 클러치기어, 베벨기어, 링 기어, 유성 캐리어

52 브레이크 드럼의 구비조건 중 틀린 것은?

① 회전 불균형이 유지될 것
② 충분한 강성이 있을 것
③ 방열이 잘될 것
④ 가벼울 것

53 유압유 온도가 과열되었을 때 유압 계통에 미치는 영향으로 틀린 것은?

① 온도변화에 의해 유압기기가 열 변형되기 쉽다.
② 오일의 점도 저하에 의해 누유되기 쉽다.
③ 유압펌프의 효율이 높아진다.
④ 오일의 열화를 촉진한다.

54 유압실린더 등의 중력에 의한 자유낙하를 방지하기 위해 배압을 유지하는 압력제어 밸브는?

① 감압밸브
② 시퀀스 밸브
③ 언로드 밸브
④ 카운터밸런스 밸브

55 유압장치에서 오일여과기에 걸러지는 오염물질의 발생 원인으로 가장 거리가 먼 것은?

① 유압장치의 조립과정에서 먼지 및 이물질 혼입
② 작동 중인 기관의 내부마찰에 의하여 생긴 금속가루 혼입
③ 유압장치를 수리하기 위하여 해체하였을 때 외부로부터 이물질 혼입
④ 유압유를 장기간 사용함에 있어 고온·고압 하에서 산화생성물이 생김

56 유압장치에서 일일 점검사항이 아닌 것은?

① 필터의 오염여부 점검
② 오일탱크의 오일량 점검
③ 호스의 손상여부 점검
④ 이음부분의 누유 점검

57 유압유 관내에 공기가 혼입되었을 때 일어날 수 있는 현상이 아닌 것은?

① 공동현상
② 기화현상
③ 열화현상
④ 숨 돌리기 현상

58 축압기(어큐뮬레이터)의 기능과 관계가 없는 것은?

① 충격압력 흡수
② 유압에너지 축적
③ 릴리프밸브 제어
④ 유압펌프 맥동흡수

59 유압유의 압력을 제어하는 밸브가 아닌 것은?

① 릴리프 밸브   ② 체크 밸브
③ 리듀싱 밸브   ④ 시퀀스 밸브

60 유체에너지를 이용하여 외부에 기계적인 일을 하는 유압기기는?

① 유압모터
② 근접 스위치
③ 유압탱크
④ 기동전동기

01 벨트를 취급할 때 안전에 대한 주의사항으로 틀린 것은?

① 벨트에 기름이 묻지 않도록 한다.
② 벨트의 적당한 유격을 유지하도록 한다.
③ 벨트를 교환할 때에는 회전을 완전히 멈춘 상태에서 한다.
④ 벨트의 회전을 정지시킬 때 손으로 잡아 정지시킨다.

02 ILO(국제노동기구)의 구분에 의한 근로불능 상해의 종류 중 응급조치상해는 며칠간 치료를 받은 다음부터 정상작업에 임할 수 있는 정도의 상해를 의미하는가?

① 1일 미만
② 3~5일
③ 10일 미만
④ 2주 미만

03 보호구를 선택할 때의 유의사항으로 틀린 것은?

① 작업행동에 방해되지 않을 것
② 사용목적에 구애받지 않을 것
③ 보호구 성능기준에 적합하고 보호성능이 보장될 것
④ 착용이 용이하고 크기 등 사용자에게 편리할 것

04 가스용기가 발생기와 분리되어 있는 아세틸렌 용접장치의 안전기 설치위치는?

① 발생기
② 가스용기
③ 발생기와 가스용기 사이
④ 용접토치와 가스용기 사이

05 산업재해조사의 목적에 대한 설명으로 가장 적절한 것은?

① 적절한 예방대책을 수립하기 위하여
② 작업능률 향상과 근로기강 확립을 위하여
③ 재해발생에 대한 통계를 작성하기 위하여
④ 재해를 유발한 자의 책임을 추궁하기 위하여

06 산업안전보건법령상 안전·보건표지의 종류 중 그림에 해당하는 것은?

① 산화성물질경고
② 인화성물질경고
③ 폭발성물질경고
④ 급성독성물질경고

07 가열, 마찰, 충격 또는 다른 화학물질과의 접촉 등으로 인하여 산소나 산화재 등의 공급이 없더라도 폭발 등 격렬한 반응을 일으킬 수 있는 물질이 아닌 것은?

① 질산에스테르류
② 니트로 화합물
③ 무기화합물
④ 니트로소 화합물

08 기계설비의 위험성 중 접선물림점(tangential point)과 가장 관련이 적은 것은?

① V벨트   ② 커플링
③ 체인벨트   ④ 기어와 랙

09 작업장에서 전기가 예고 없이 정전되었을 경우 전기로 작동하던 기계·기구의 조치 방법으로 가장 적합하지 않은 것은?

① 즉시 스위치를 끈다.
② 안전을 위해 작업장을 정리해 놓는다.
③ 퓨즈의 단락 유무를 검사한다.
④ 전기가 들어오는 것을 알기 위해 스위치를 켜 둔다.

10 연삭기의 안전한 사용방법으로 틀린 것은?

① 숫돌 측면 사용제한
② 숫돌덮개 설치 후 작업
③ 보안경과 방진마스크 작용
④ 숫돌과 받침대 간격을 가능한 넓게 유지

11 추진축의 각도변화를 가능하게 하는 이음은?

① 자재이음   ② 슬립이음
③ 플랜지 이음   ④ 등속이음

12 타이어 롤러에서 전압은 무엇으로 조정하는가?

① 타이어의 자중
② 다짐속도와 밸러스트(ballast)
③ 밸러스트와 타이어 공기압
④ 다짐속도와 타이어 공기압

13 앞바퀴 정렬요소 중 캠버의 필요성에 대한 설명으로 틀린 것은?

① 앞차축의 휨을 적게 한다.
② 조향 휠의 조작을 가볍게 한다.
③ 조향할 때 바퀴의 복원력이 발생한다.
④ 토(toe)와 관련성이 있다.

14 롤러의 다짐작업 방법으로 틀린 것은?

① 소정의 접지압력을 받을 수 있도록 부하하중을 증감한다.
② 다짐 작업을 할 때 정지시간은 길게 한다.
③ 다짐 작업을 할 때 급격한 조향은 하지 않는다.
④ 1/2씩 중첩 다짐을 한다.

15 롤러의 운전 중 점검사항이 아닌 것은?

① 냉각수 온도   ② 유압오일 온도
③ 엔진 회전수   ④ 배터리 전해액

16 롤러의 하체구성 부품에서 마모가 증가되는 원인이 아닌 것은?

① 부품끼리 접촉이 증가할 때
② 부품끼리 상대운동이 증가할 때
③ 부품에 윤활막이 유지될 때
④ 부품에 부하가 가해졌을 때

17 롤러의 운전조작 중 맞지 않는 것은?

① 주차할 때 반드시 주차브레이크를 작동시킨다.
② 다짐작업은 대각선 방향으로 한다.
③ 클러치 조작은 반 클러치를 사용하지 않도록 한다.
④ 전·후진의 변속은 정지시킨 다음에 한다.

18 롤러의 유압실린더 작용은?

① 메인클러치를 차단 및 연결한다.
② 역전장치에 사용한다.
③ 살수장치에 사용한다.
④ 방향을 전환한다.

19 유압구동 롤러의 특징으로 틀린 것은?

① 동력의 단절과 연결, 가속이 원활하다.
② 전진·후진의 교체, 변속 등을 한 개의 레버로 변환이 가능하다.
③ 부하에 관계없이 속도조절이 된다.
④ 작동유 관리가 불필요하다.

20 2륜 방식 철륜 롤러에서 안내륜과 연결되어 있는 요크의 주유는?

① 유압오일을 주유한다.
② 그리스를 주유한다.
③ 주유할 필요가 없다.
④ 기어오일을 주유한다.

21 진동 롤러에 있어서 기진력의 크기를 결정하는 요소가 아닌 것은?

① 편심추의 강도
② 편심추의 회전수
③ 편심추의 무게
④ 편심추의 편심량

22 타이어 롤러에서 전축과 후축의 타이어수가 다른 이유는?

① 다짐 속도를 높이기 위하여
② 차체의 균형유지를 위하여
③ 노면을 일정하게 다지기 위하여
④ 차축의 진동을 방지하기 위하여

23 주로 피견인식으로 사용되며 드럼에 피트가 설치되어 모래나 돌조각보다 퍼석퍼석한 지반의 기초 다짐에 주로 사용되는 롤러는?

① 진동 롤러　　　② 탬핑 롤러
③ 머캐덤 롤러　　④ 자주식 롤러

24 머캐덤 롤러로 작업할 때 모래땅이나 연약지반에서 작업 또는 직진성능을 주기 위하여 설치된 장치는?

① 트랜스미션(transmission)록 장치
② 파이널드라이브 유성기어 장치
③ 전·후진 변속 저고속 장치
④ 차동고정 장치

25 롤러의 변속기어가 작동 불량일 때 점검할 필요가 없는 것은?

① 변속기 케이스의 오일 점검
② 변속레버의 유격점검
③ 차동제한장치의 점검
④ 기어 지지부의 베어링 상태점검

26 롤러의 규격이 8–12톤이라고 표시될 때 이 규격의 의미는?

① 전륜 하중이 8톤이고 후륜 하중이 12톤이다.
② 전륜 하중이 8톤이고 전체 하중이 12톤이다.
③ 자중이 8톤이고 4톤의 부가하중(밸러스트)을 가중시킬 수 있다.
④ 전륜 하중이 12톤이고 후륜 하중이 8톤이다.

27 머캐덤 롤러 변속기의 부품이 아닌 것은?

① 시프트포크
② 시프트 축
③ 변속기어
④ 차동기어 록 장치

28 유압식 진동 롤러의 동력전달 순서가 맞는 것은?

① 기관 → 유압모터 → 유압펌프 → 제어장치 → 차동장치 → 종 감속장치 → 차륜
② 기관 → 유압펌프 → 제어장치 → 유압모터 → 차동장치 → 종 감속장치 → 차륜
③ 기관 → 유압모터 → 제어장치 → 유압펌프 → 종 감속장치 → 차동장치 → 차륜
④ 기관 → 유압펌프 → 유압모터 → 제어장치 → 종 감속장치 → 차동장치 → 차륜

29 롤러의 성능과 능력을 나타내는 것이 아닌 것은?

① 선압, 윤하중
② 다짐폭, 접지압
③ 기진력, 윤거
④ 다짐폭, 기진력

30 자주식 롤러에 해당되지 않는 것은?

① 타이어식 롤러
② 피견인식 진동롤러
③ 머캐덤 롤러
④ 탠덤 롤러

31 냉각장치에서 라디에이터의 구비조건으로 틀린 것은?

① 공기의 흐름저항이 클 것
② 단위면적당 방열량이 클 것
③ 가볍고 강도가 클 것
④ 냉각수의 흐름저항이 적을 것

32 4행정 사이클 기관의 윤활 방식 중 피스톤과 피스톤핀까지 윤활유를 압송하여 윤활하는 방식은?

① 전 압력식
② 전 압송식
③ 전 비산식
④ 압송비산식

33 디젤기관 연료 장치 내에 있는 공기를 배출하기 위하여 사용하는 펌프는?

① 연료 펌프
② 공기 펌프
③ 인젝션 펌프
④ 프라이밍 펌프

34 디젤기관에서 직접분사식 장점이 아닌 것은?

① 연료소비량이 적다.
② 냉각손실이 적다.
③ 연료계통의 연료누출 염려가 적다.
④ 구조가 간단하여 열효율이 높다.

35 실린더 헤드개스킷에 대한 구비조건으로 틀린 것은?

① 기밀유지가 좋을 것
② 내열성과 내압성이 있을 것
③ 복원성이 적을 것
④ 강도가 적당할 것

36 디젤기관에서 과급기를 사용하는 이유로 맞지 않는 것은?

① 체적효율 증대
② 냉각효율 증대
③ 출력증대
④ 회전력 증대

37 납산축전지(battery) 내부에 들어가는 것이 아닌 것은?

① 단자기둥(터미널)
② 음극판
③ 양극판
④ 격리판

38 직류발전기와 비교했을 때 교류발전기의 특징으로 틀린 것은?

① 전압조정기만 필요하다.
② 크기가 크고 무겁다.
③ 브러시 수명이 길다.
④ 저속발전성능이 좋다.

39 좌우측 전조등회로의 연결방법으로 옳은 것은?

① 직렬연결
② 단식 배선
③ 병렬연결
④ 직·병렬연결

40 전기가 이동하지 않고 물질에 정지하고 있는 전기는?

① 동전기
② 정전기
③ 직류전기
④ 교류 전기

41 건설기계관리법상 건설기계조종사 면허를 받지 아니하고 건설기계를 조종한 자에 대한 벌칙은?

① 3년 이하의 징역 또는 3,000만 원 이하의 벌금
② 2년 이하의 징역 또는 2,000만 원 이하의 벌금
③ 1년 이하의 징역 또는 1,000만 원 이하의 벌금
④ 1년 이하의 징역 또는 500만 원 이하의 벌금

42 건설기계소유자가 정비업소에 건설기계 정비를 의뢰한 후 정비업자로부터 정비완료통보를 받고 며칠 이내에 찾아가지 않을 때 보관·관리비용을 지불하는가?

① 5일
② 10일
③ 15일
④ 20일

43 건설기계관리법상 정기검사 유효기간이 다른 건설기계는? (다만, 연식이 20년 이하인 경우)

① 덤프트럭
② 콘크리트믹서트럭
③ 타워크레인
④ 굴착기(타이어식)

44 건설기계등록·검사증이 헐어서 못쓰게 된 경우 어떻게 하여야 되는가?

① 신규등록신청
② 등록말소신청
③ 정기검사신청
④ 재교부 신청

45 건설기계관리법상 자가용 건설기계 번호표의 색상으로 옳은 것은?

① 청색 바탕에 흰색 문자
② 주황색 바탕에 검은색 문자
③ 흰색 바탕에 노란색 문자
④ 흰색 바탕에 검은색 문자

46 술에 취한 상태(혈중 알코올농도 0.03% 이상 0.08% 미만)에서 건설기계를 조종한 자에 대한 면허효력정지 처분기준은?

① 면허효력정지 20일
② 면허효력정지 30일
③ 면허효력정지 40일
④ 면허효력정지 60일

47 건설기계관리법상 건설기계를 도로에 계속하여 방치하거나 정당한 사유 없이 타인의 토지에 방치한 자에 대한 벌칙은?

① 2년 이하의 징역 또는 1,000만 원 이하의 벌금
② 1년 이하의 징역 또는 1,000만 원 이하의 벌금
③ 200만 원 이하의 벌금
④ 100만 원 이하의 벌금

48 건설기계관리법상 자동차 1종 대형면허로 조종할 수 없는 건설기계는?

① 5톤 굴착기
② 노상안정기
③ 콘크리트펌프
④ 아스팔트살포기

49 건설기계관리법상 미등록 건설기계의 임시운행 사유에 해당되지 않는 것은?

① 등록신청을 하기 위하여 건설기계를 등록지로 운행하는 경우
② 등록신청 전에 건설기계 공사를 하기 위하여 임시로 사용하는 경우
③ 수출을 하기 위하여 건설기계를 선적지로 운행하는 경우
④ 신개발 건설기계를 시험·연구의 목적으로 운행하는 경우

50 건설기계관리법상 건설기계에 대하여 실시하는 검사가 아닌 것은?

① 신규등록검사   ② 예비검사
③ 구조변경검사   ④ 수시검사

51 유압 작동유의 점도가 너무 높을 때 발생되는 현상은?

① 동력손실 증가   ② 내부누설 증가
③ 펌프효율 증가   ④ 내부마찰 감소

52 유압장치의 오일탱크에서 유압펌프 흡입구의 설치에 대한 설명으로 틀린 것은?

① 유압펌프 흡입구는 반드시 오일탱크 가장 밑면에 설치한다.
② 유압펌프 흡입구에는 스트레이너(오일여과기)를 설치한다.
③ 유압펌프 흡입구와 탱크로의 귀환구(복귀구) 사이에는 격리판(baffle plate)를 설치한다.
④ 유압펌프 흡입구는 탱크로의 귀환구(복귀구)로부터 될 수 있는 한 멀리 떨어진 위치에 설치한다.

53 유압실린더의 종류에 해당하지 않는 것은?

① 단동실린더　　② 복동실린더
③ 다단실린더　　④ 회전실린더

54 유압모터의 특징 중 거리가 가장 먼 것은?

① 소형으로 강력한 힘을 낼 수 있다.
② 과부하에 대해 안전하다.
③ 정·역회전 변화가 불가능하다.
④ 무단변속이 용이하다.

55 유압회로 내 유체의 흐름방향을 제어하는 데 사용되는 밸브는?

① 교축밸브　　② 셔틀밸브
③ 감압밸브　　④ 순차밸브

56 유압장치에 사용되고 있는 제어밸브가 아닌 것은?

① 방향제어밸브
② 유량제어밸브
③ 스프링제어밸브
④ 압력제어밸브

57 릴리프 밸브에서 볼이 밸브의 시트를 때려 소음을 발생시키는 현상은?

① 채터링(chattering) 현상
② 베이퍼록(vapor lock) 현상
③ 페이드(fade) 현상
④ 노킹(knocking) 현상

58 기어펌프의 특징이 아닌 것은?

① 구조가 간단하다.
② 유압 작동유의 오염에 비교적 강한 편이다.
③ 플런저 펌프에 비해 효율이 떨어진다.
④ 가변용량형 펌프로 적당하다.

59 그림의 유압기호에서 "A" 부분이 나타내는 것은?

① 오일냉각기
② 스트레이너
③ 가변용량 유압펌프
④ 가변용량 유압모터

60 오일의 압력이 낮아지는 원인과 가장 거리가 먼 것은?

① 유압펌프의 성능이 불량할 때
② 오일의 점도가 높아졌을 때
③ 오일의 점도가 낮아졌을 때
④ 계통 내에서 누설이 있을 때

01 기어펌프(gear pump)에 대한 설명으로 모두 맞는 것은?

보기
A. 정용량 펌프이다.
B. 가변용량 펌프이다.
C. 제작이 용이하다.
D. 다른 펌프에 비해 소음이 크다.

① A, B, C ② A, B, D
③ B, C, D ④ A, C, D

02 유압장치 내에 국부적인 높은 압력과 소음, 진동이 발생하는 현상은?

① 필터링
② 오버 랩
③ 캐비테이션
④ 하이드로 록킹

03 유압 오일실의 종류 중 O-링이 갖추어야 할 조건은?

① 탄성이 양호하고 압축변형이 적을 것
② 작동 시 마모가 클 것
③ 체결력(죄는 힘)이 작을 것
④ 오일의 누설이 클 것

04 유압모터에서 소음과 진동이 발생할 때의 원인이 아닌 것은?

① 내부부품의 파손
② 작동유 속에 공기의 혼입
③ 체결 볼트의 이완
④ 유압펌프의 최고 회전속도 저하

05 안전표지의 종류만으로 나열된 것은?

① 경고표지, 지지표지, 금지표지, 인도표지
② 경고표지, 금지표지, 지도표지, 안내표지
③ 금지표지, 경고표지, 지시표지, 안내표지
④ 지시표지, 경적표지. 지시표지, 인도표지

06 연삭 칩의 비산을 막기 위하여 연삭기에 부착하여야 하는 안전방호장치는?

① 안전덮개
② 광전방식 안전방호장치
③ 급정지 장치
④ 양수조작방식 방호장치

07 유해한 작업환경요소가 아닌 것은?

① 화재나 폭발의 원인이 되는 환경
② 신선한 공기가 공급되도록 환풍장치 등의 설비
③ 소화기와 호흡기를 통하여 흡수되어 건강장애를 일으키는 물질
④ 피부나 눈에 접촉하여 자극을 주는 물질

08 사고를 많이 발생시키는 원인 순서로 나열한 것은?

① 불안전 행위 → 불가항력 → 불안전 조건
② 불안전 조건 → 불안전 행위 → 불가항력
③ 불안전 행위 → 불안전 조건 → 불가항력
④ 불가항력 → 불안전 조건 → 불안전 행위

09 볼트나 너트를 조이고 풀 때 사항으로 틀린 것은?

① 볼트와 너트는 규정토크로 조인다.
② 토크렌치는 볼트를 풀 때만 사용한다.
③ 한 번에 조이지 말고, 2~3회 나누어 조인다.
④ 규정된 공구를 사용하여 풀고 조이도록 한다.

10 기계 및 기계장치를 취급할 때 사고발생 원인이 아닌 것은?

① 불량한 공구를 사용할 때
② 안전장치 및 보호 장치가 잘되어 있지 않을 때
③ 정리정돈 및 조명장치가 잘되어 있지 않을 때
④ 기계 및 기계장치가 넓은 장소에 설치되어 있을 때

11 화재를 분류하는 표시 중 유류화재를 나타낸 것은?

① A급　　　　② B급
③ C급　　　　④ D급

12 작업장에서 작업복을 착용하는 주된 이유는?

① 작업속도를 높이기 위해서
② 작업자의 복장통일을 위해서
③ 작업장의 질서를 확립시키기 위해서
④ 재해로부터 작업자의 몸을 보호하기 위해서

13 액체약품을 취급할 때 비산물체로부터 눈을 보호하기 위한 보안경은?

① 고글형　　　② 스펙타클형
③ 프론트형　　④ 일반형

14 정비공장의 정리·정돈을 할 때 안전수칙으로 틀린 것은?

① 소화기구 부근에 장비를 세워두지 말 것
② 바닥에 먼지가 나지 않도록 물을 뿌릴 것
③ 잭을 사용할 때에는 반드시 안전작동으로 2중 안전장치를 할 것
④ 사용이 끝난 공구는 즉시 정리하여 공구상자 등에 보관할 것

15 건설기계를 운전할 때 운전자가 안전을 위해 지켜야 할 사항으로 맞지 않는 것은?

① 건물 내부에서 건설기계를 가동할 때에는 적절한 환기조치를 한다.
② 작업 중에는 운전자 한 사람만 승차하도록 한다.
③ 기관이 시동된 건설기계에서 잠시 내릴 때에는 변속레버를 중립으로 하지 않는다.
④ 엔진을 가동시킨 상태로 건설기계에서 내려서는 안 된다.

16 일반적인 머캐덤 롤러의 전륜(앞바퀴)에 대한 설명으로 틀린 것은?

① 킹핀이 설치되어 있다.
② 전륜축은 베어링으로 지지한다.
③ 조향은 유압식이다.
④ 브레이크 장치가 설치되어 있다.

17 롤러의 다짐압력을 높이기 위해 사용하는 것은?

① 가열장치(예열장치)
② 전후진기(역전장치)
③ 전압력(선압)
④ 부가하중(밸러스트)

18 롤러의 사용설명서에 대한 설명 중 틀린 것은?

① 롤러의 유지관리에 대한 사항을 파악할 수 있다.
② 롤러의 성능을 파악할 수 있다.
③ 각 부분의 명칭과 기능을 파악할 수 있다.
④ 각 부품의 단가를 파악할 수 있다.

19 공사현장에서 작업의 안전수칙으로 옳지 않은 것은?

① 급회전이나 급정지를 금한다.
② 장비 능력의 범위에서도 최대한 작업한다.
③ 장비의 예방정비를 철저히 한다.
④ 장비 본래의 용도 이외에 사용을 금한다.

20 롤러의 누유 및 누수의 점검사항으로 틀린 것은?

① 다음 작업을 위하여 작업 후 롤러의 상태를 점검한다.
② 롤러를 점검하기 위하여 지면에 떨어진 누유여부를 확인하고 조치한다.
③ 기관의 원활한 작동을 위하여 냉각장치에서 발생된 냉각수 누수를 확인하고 조치한다.
④ 작동 중 냉각수 누수가 확인되면 즉시 라디에이터 캡을 열어 확인한다.

21 롤러의 하체 구성부품에서 마모가 증가되는 원인이 아닌 것은?

① 부품끼리 접촉이 증가할 때
② 부품끼리 상대운동이 증가할 때
③ 부품에 윤활막이 유지될 때
④ 부품에 부하가 가해졌을 때

22 롤러작업 후 점검 및 관리사항이 아닌 것은?

① 깨끗하게 유지 관리할 것
② 부족한 연료량을 보충할 것
③ 작업 후 항상 모든 타이어를 로테이션 할 것
④ 볼트·너트 등의 풀림 상태를 점검할 것

23 롤러 살수장치에서 노즐분사방식으로 옳은 것은?

① 기계방식 또는 전기방식
② 기계방식 또는 수압방식
③ 수압방식 또는 기계방식
④ 전자방식 또는 전기방식

24 아스팔트 다짐(롤링)작업을 할 때 바퀴에 물을 뿌리는 이유는?

① 바퀴를 냉각시키기 위해
② 아스팔트를 냉각시키기 위해
③ 브레이크 성능을 좋게 하기 위해
④ 바퀴에 아스팔트 부착방지를 위해

25 밸러스트(부가하중)를 적재할 수 없는 것은?

① 탬퍼
② 타이어 롤러
③ 머캐덤 롤러
④ 탬핑 롤러

26 롤러로 다짐작업을 할 때 주의해야 할 사항으로 틀린 것은?

① 소정의 접지압력을 받도록 밸러스트(ballast)를 증감한다.
② 다짐작업을 할 때 전·후진조작을 원활히 하고 정지시간을 적게 해야 한다.
③ 다짐작업을 할 때는 주행속도를 증감시켜서 다짐효과를 얻도록 한다.
④ 다짐작업을 할 때 조향할 경우 급격한 조향은 피해야 한다.

27 롤러의 구분으로 옳지 않은 것은?

① 탠덤 롤러
② 머캐덤 롤러
③ 쇄석 롤러
④ 탬핑 롤러

28 롤러의 성능과 능력을 표시하는 방법에 속하지 않는 것은?

① 다짐 폭과 기진력
② 기진력과 윤거
③ 다짐 폭과 접지압력
④ 선압과 윤하중

29 3륜의 철륜(쇠바퀴)으로 구성되어 있으며 아스팔트 포장면의 초기다짐에 사용되는 롤러는?

① 타이어 롤러
② 탬핑 롤러
③ 머캐덤 롤러
④ 진동 롤러

30 2축, 3축 롤러의 작업자세가 아닌 것은?

① 자유 다짐
② 반고정 다짐
③ 전고정 다짐
④ 2/3고정 다짐

31 디젤기관에서 노킹을 일으키는 원인으로 맞는 것은?

① 흡입공기의 온도가 높을 때
② 착화지연기간이 짧을 때
③ 연료에 공기가 혼입되었을 때
④ 연소실에 누적된 연료가 많아 일시에 연소할 때

32 기관의 실린더 수가 많은 경우 장점이 아닌 것은?

① 회전력의 변동이 적다.
② 흡입공기의 분배가 간단하고 쉽다.
③ 회전의 응답성이 양호하다.
④ 소음이 감소된다.

33 기관의 냉각장치에 해당하지 않는 부품은?

① 수온조절기
② 릴리프 밸브
③ 방열기
④ 냉각팬 및 벨트

34 디젤기관 연료라인에 공기빼기를 하여야 하는 경우가 아닌 것은?

① 예열이 안 되어 예열플러그를 교환한 경우
② 연료호스나 파이프 등을 교환한 경우
③ 연료탱크 내의 연료가 결핍되어 보충한 경우
④ 연료필터의 교환, 분사펌프를 탈부착한 경우

35 기관에 사용되는 윤활유의 성질 중 가장 중요한 것은?

① 온도
② 점도
③ 습도
④ 건도

36 실린더 헤드와 블록 사이에 삽입하여 압축과 폭발가스의 기밀을 유지하고 냉각수와 엔진오일이 누출되는 것을 방지하는 역할을 하는 것은?

① 헤드 워터재킷
② 헤드오일 통로
③ 헤드개스킷
④ 헤드볼트

37 전기장치에서 과전류에 의한 화재예방을 위해 사용하는 부품으로 가장 적절한 것은?

① 콘덴서
② 저항기
③ 퓨즈
④ 전파방지기

38 교류발전기의 다이오드 역할로 맞는 것은?

① 전압조정
② 자장형성
③ 전류생성
④ 정류작용

39 축전지의 용량에 영향을 미치는 것이 아닌 것은?

① 방전율과 극판의 크기
② 셀 기둥단자의 (+), (−)표시
③ 전해액의 비중
④ 극판의 크기, 극판의 수

40 기동전동기의 주요부품으로 틀린 것은?

① 전기자(아마추어)
② 계자코일 및 계자철심
③ 방열판(히트싱크)
④ 브러시 및 브러시 홀더

41 타이어형 건설기계에서 토인에 대한 설명으로 틀린 것은?

① 토인은 앞바퀴를 평행하게 회전시킨다.
② 토인 조정이 잘못되면 타이어가 편마모된다.
③ 토인은 앞바퀴의 사이드슬립과 타이어 마멸을 방지한다.
④ 토인은 좌우 앞바퀴의 간격이 앞보다 뒤가 좁은 것이다.

42 휠 림에 대한 설명으로 틀린 것은?

① 경미한 균열은 용접하여 재사용한다.
② 변형이 있으면 교환한다.
③ 경미한 균열도 교환한다.
④ 손상 또는 마모되었으면 교환한다.

43 자동변속기가 장착된 건설기계에서 엔진은 회전하나 건설기계가 움직이지 않을 때 점검사항으로 옳지 않는 것은?

① 트랜스미션의 에어브리더 점검
② 트랜스미션의 오일량 점검
③ 변속레버(인히비트 스위치) 점검
④ 컨트롤 밸브의 오일압력 점검

44 예방정비에 관한 설명 중 틀린 것은?

① 예상하지 않은 고장이나 사고를 사전에 방지하기 위해 실시한다.
② 일정한 계획표를 작성한 후 실시하는 것이 바람직하다.
③ 예방정비의 효과는 건설기계의 수명, 성능유지, 수리비 절감에 효과가 있다.
④ 예방정비는 운전자가 해야 하는 것은 아니다.

45 건설기계관련법상 건설기계의 정의를 가장 올바르게 한 것은?

① 건설공사에 사용할 수 있는 기계로서 대통령령이 정하는 것을 말한다.
② 건설현장에서 운행하는 장비로서 대통령령이 정하는 것을 말한다.
③ 건설공사에 사용할 수 있는 기계로서 국토교통부령이 정하는 것을 말한다.
④ 건설현장에서 운행하는 장비로서 국토교통부령이 정하는 것을 말한다.

46 성능이 불량하거나 사고가 자주 발생하는 건설기계의 안전성 등을 점검하기 위하여 수시로 실시하는 검사와 건설기계 소유자의 신청을 받아 실시하는 검사는?

① 예비검사
② 구조변경검사
③ 수시검사
④ 정기검사

47 건설기계해체재활용업의 등록은 누구에게 하는가?

① 국토교통부장관
② 특별자치도지사
③ 행정안전부장관
④ 읍·면·동장

48 건설기계의 조종 중에 고의 또는 과실로 가스공급시설을 손괴할 경우 조종사면허의 처분기준은?

① 면허효력정지 10일
② 면허효력정지 15일
③ 면허효력정지 25일
④ 면허효력정지 180일

49 롤러조종사 면허로 조종할 수 없는 건설기계는?

① 공기압축기
② 아스팔트피니셔
③ 콘크리트피니셔
④ 콘크리트살포기

50 건설기계소유자가 정비업소에 건설기계 정비를 의뢰한 후 정비업자로부터 정비완료 통보를 받고 며칠 이내에 찾아가지 않을 때 보관·관리 비용을 지불하는가?

① 5일
② 10일
③ 15일
④ 20일

51 건설기계등록신청은 관련법상 건설기계를 취득한 날로부터 얼마의 기간 이내에 하여야 되는가?

① 7일
② 15일
③ 1개월
④ 2개월

52 건설기계관리법상 건설기계정비업의 등록구분으로 옳은 것은?

① 종합건설기계정비업, 부분건설기계정비업, 전문건설기계정비업
② 종합건설기계정비업, 단종건설기계정비업, 전문건설기계정비업
③ 부분건설기계정비업, 전문건설기계정비업, 개별건설기계정비업
④ 종합건설기계정비업, 특수건설기계정비업, 전문건설기계정비업

53 무면허 건설기계조종사에 대한 벌금은?

① 100만 원 이하의 벌금
② 20만 원 이하의 벌금
③ 1,000만 원 이하의 벌금
④ 50만 원 이하의 벌금

54 건설기계조종사 면허가 취소되었을 경우 그 사유가 발생한 날부터 며칠 이내에 면허증을 반납하여야 하는가?

① 7일 이내
② 10일 이내
③ 14일 이내
④ 30일 이내

55 방향전환밸브 중 4포트 3위치 밸브에 대한 설명으로 틀린 것은?

① 직선형 스풀 밸브이다.
② 스풀의 전환위치가 3개이다.
③ 밸브와 주배관이 접속하는 접속구는 3개이다.
④ 중립위치를 제외한 양끝 위치에서 4포트 2위치

56 두 개 이상의 분기회로에서 실린더나 모터의 작동순서를 결정하는 밸브는?

① 리듀싱 밸브
② 릴리프 밸브
③ 시퀀스 밸브
④ 파일럿 체크 밸브

57 유압장치에서 작동 및 움직임이 있는 곳의 연결 관으로 적합한 것은?

① 플렉시블 호스
② 구리파이프
③ 강 파이프
④ PVC호스

58 압력의 단위가 아닌 것은?

① bar
② kgf/cm²
③ N·m
④ kPa

59 유압모터의 속도를 감속하는 데 사용하는 밸브는?

① 체크 밸브
② 디셀러레이션 밸브
③ 변환 밸브
④ 압력스위치

60 아래 그림의 KS 유압·공기압 도면기호는?

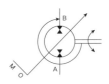

① 가변용량형 유압펌프·모터
② 정용량형 유압피스톤
③ 가역회전형 실린더
④ 아날로그 변환기

01 유압모터의 특징으로 맞는 것은?

① 가변체인구동으로 유량조정을 한다.
② 오일의 누출이 많다.
③ 밸브 오버랩으로 회전력을 얻는다.
④ 무단변속이 용이하다.

02 릴리프 밸브에서 볼이 밸브의 시트를 때려 소음을 발생시키는 현상은?

① 채터링(chattering) 현상
② 베이퍼록(vapor lock) 현상
③ 페이드(fade) 현상
④ 노킹(knocking) 현상

03 유압회로 내에서 열이 발생하는 원인이 아닌 것은?

① 작동유의 점도가 너무 높을 때
② 유압모터 내에서 내부마찰이 발생될 때
③ 유압회로 내의 작동압력이 너무 낮을 때
④ 유압회로 내에서 캐비테이션이 발생될 때

04 유압장치의 구성요소 중 유압발생장치가 아닌 것은?

① 유압펌프
② 엔진 또는 전기모터
③ 오일탱크
④ 유압실린더

05 유압실린더를 교환 후 우선적으로 시행하여야 할 사항은?

① 엔진을 저속 공회전 시킨 후 공기빼기작업을 실시한다.
② 엔진을 고속 공회전 시킨 후 공기빼기작업을 실시한다.
③ 유압장치를 최대한 부하상태로 유지한다.
④ 압력을 측정한다.

06 유압장치의 오일탱크에서 유압펌프 흡입구의 설치에 대한 설명으로 틀린 것은?

① 유압펌프 흡입구는 반드시 오일탱크 가장 밑면에 설치한다.
② 유압펌프 흡입구에는 스트레이너(오일여과기)를 설치한다.
③ 유압펌프 흡입구와 탱크로의 귀환구(복귀구) 사이에는 격리판을 설치한다.
④ 유압펌프 흡입구는 오일탱크로의 귀환구멍(복귀구멍)으로부터 될 수 있는 한 멀리 떨어진 위치에 설치한다.

07 납산배터리 액체를 취급하는 데 가장 좋은 것은?

① 가죽으로 만든 옷
② 무명으로 만든 옷
③ 화학섬유로 만든 옷
④ 고무로 만든 옷

08 재해의 복합발생요인이 아닌 것은?

① 환경의 결함　② 사람의 결함
③ 품질의 결함　④ 시설의 결함

09 화재가 발생하였을 때 소화기를 사용하여 소화 작업을 하고자 할 때 올바른 방법은?

① 바람을 안고 우측에서 좌측을 향해 실시한다.
② 바람을 등지고 좌측에서 우측을 향해 실시한다.
③ 바람을 안고 아래쪽에서 위쪽을 향해 실시한다.
④ 바람을 등지고 위쪽에서 아래쪽을 향해 실시한다.

10 가스배관이 파손되었을 때 긴급조치 요령으로 잘못된 것은?

① 소방서에 연락한다.
② 주변의 차량을 통제한다.
③ 누출되는 가스배관의 라인마크를 확인하여 후단밸브를 차단한다.
④ 천공기 등으로 도시가스배관을 뚫었을 경우에는 그 상태에서 기계를 정지시킨다.

11 복스 렌치가 오픈엔드렌치보다 비교적 많이 사용되는 이유로 옳은 것은?

① 두 개를 한 번에 조일 수 있다.
② 마모율이 적고 가격이 저렴하다.
③ 다양한 크기의 볼트·너트를 사용할 수 있다.
④ 볼트와 너트 주위를 감싸 힘의 균형 때문에 미끄러지지 않는다.

12 수공구 사용상의 재해의 원인이 아닌 것은?

① 잘못된 공구 선택
② 사용법의 미숙지
③ 공구의 점검 소홀
④ 규격에 맞는 공구 사용

13 작업장 내의 안전한 통행을 위하여 지켜야 할 사항이 아닌 것은?

① 주머니에 손을 넣고 보행하지 말 것
② 좌측 또는 우측통행 규칙을 엄수할 것
③ 운반차를 이용할 때에는 가장 빠른 속도로 주행할 것
④ 물건을 든 사람과 만났을 때는 즉시 길을 양보할 것

14 재해율 중 연천인율 계산공식으로 옳은 것은?

① (재해자수/평균근로자수)×1,000
② (재해율×근로자수)/1,000
③ 강도율×1,000
④ 재해자수/연평균근로자수

15 벨트를 풀리에 걸 때는 어떤 상태에서 하여야 하는가?

① 저속 상태　② 고속 상태
③ 정지 상태　④ 중속 상태

16 산업안전을 통한 기대효과로 옳은 것은?

① 기업의 생산성이 저하된다.
② 근로자의 생명만 보호된다.
③ 기업의 재산만 보호된다.
④ 근로자와 기업의 발전이 도모된다.

17 롤러의 일일점검 사항이 아닌 것은?

① 엔진오일 점검
② 배터리 전해액 점검
③ 연료량 점검
④ 냉각수 점검

18 롤러의 규격이 8~12톤이라고 표시될 때 이 규격의 의미는?

① 전륜 하중이 8톤이고 후륜 하중이 12톤이다.
② 전륜 하중이 8톤이고 전체 하중이 12톤이다.
③ 자중이 8톤이고 4톤의 부가하중(밸러스트)을 가중시킬 수 있다.
④ 전륜 하중이 12톤이고 후륜 하중이 8톤이다.

19 유압방식 로드롤러에서 조향 롤(steering roll)이 흔들리는 원인이 아닌 것은?

① 밸브장치의 불량
② 링크(link) 기구의 이완
③ 유압호스 파손
④ 댐퍼 스프링(damper spring) 파손

20 유압장치를 장착한 롤러에서 작업 중 유압펌프에서 심한 소음이 발생할 경우 점검해야 할 사항이 아닌 것은?

① 유압유 부족 여부 확인
② 오일 스트레이너 막힘 여부 확인
③ 유압펌프 흡입 쪽 배관 막힘 여부 확인
④ 유압유 리턴여과기 막힘 여부 확인

21 도로의 성토, 하천제방, 어스 댐(earth dam) 등의 넓은 면적을 두꺼운 층으로 균일한 다짐을 요하는 경우에 사용하는 롤러는?

① 탠덤 롤러   ② 머캐덤 롤러
③ 타이어 롤러   ④ 탬핑 롤러

22 소일시멘트(soil cement) 토반 다짐에는 어느 롤러가 효과적인가?

① 타이어 롤러
② 진동 롤러
③ 시프 풋 롤러
④ 머캐덤 롤러

23 타이어 롤러의 특징에 관한 설명으로 틀린 것은?

① 타이어는 내압변화가 적고 접지압력 분포가 균일한 전용타이어를 사용한다.
② 다짐속도가 비교적 빠르다.
③ 보조기층 다짐높이는 약 50cm를 표준으로 하는 것이 바람직하다.
④ 타이어형 롤러의 바퀴지지 방식은 고정방식, 상호요동 방식, 독립지지 방식이 있다.

24 롤러의 종류 중 전압방식 다짐방법이 아닌 것은?

① 탠덤 롤러   ② 진동 롤러
③ 타이어 롤러   ④ 머캐덤 롤러

25 수평방향의 하중이 수직으로 미칠 때 원심력을 가하고 기진력을 서로 조합하여 흙을 다짐하면 적은 무게로 큰 다짐효과를 올릴 수 있는 다짐기계는?

① 탬핑 롤러   ② 머캐덤 롤러
③ 진동 롤러   ④ 탠덤 롤러

26 유압식 진동롤러의 동력전달 순서로 맞는 것은?

① 기관 → 유압펌프 → 유압제어장치 → 유압모터 → 차동기어장치 → 최종감속장치 → 바퀴
② 기관 → 유압펌프 → 유압제어장치 → 유압모터 → 최종감속장치 → 차동기어장치 → 바퀴
③ 기관 → 유압펌프 → 유압모터 → 유압제어장치 → 차동기어장치 → 최종감속장치 → 바퀴
④ 기관 → 유압펌프 → 유압모터 → 유압제어장치 → 최종감속장치 → 차동기어장치 → 바퀴

27 2륜 방식 철륜 롤러에서 안내륜과 연결되어 있는 요크의 주유는?

① 유압오일을 주유한다.
② 그리스를 주유한다.
③ 주유할 필요가 없다.
④ 기어오일을 주유한다.

28 유압구동 롤러의 특징으로 틀린 것은?

① 동력의 단절과 연결, 가속이 원활하다.
② 전진·후진의 교체, 변속 등을 한 개의 레버로 변환이 가능하다.
③ 부하에 관계없이 속도조절이 된다.
④ 작동유 관리가 불필요하다.

29 롤러의 유압실린더 적용으로 옳은 것은?

① 방향전환에 사용한다.
② 살수장치에 사용한다.
③ 메인클러치 차단에 사용한다.
④ 역전장치에 사용한다.

30 머캐덤 롤러로 다짐작업을 할 때 후방 롤(roll) 쪽의 몇 %가 겹치도록 다짐작업을 해야 가장 이상적인 다짐작업인가?

① 약 30%   ② 약 50%
③ 약 70%   ④ 약 90%

31 커먼레일 디젤엔진의 연료장치 구성부품이 아닌 것은?

① 고압연료펌프   ② 커먼레일
③ 인젝터   ④ 공급펌프

32 흡기장치의 요구조건으로 틀린 것은?

① 전체 회전영역에 걸쳐서 흡입효율이 좋아야 한다.
② 균일한 분배성능을 가져야 한다.
③ 흡입부에 와류가 발생할 수 있는 돌출부를 설치해야 한다.
④ 연소속도를 빠르게 해야 한다.

33 기관의 냉각팬이 회전할 때 공기가 불어가는 방향은?

① 방열기 방향　　② 엔진 방향
③ 상부 방향　　　④ 하부 방향

34 라이너 형식 실린더에 비교한 일체형식 실린더의 특징 중 맞지 않는 것은?

① 냉각수 누출 우려가 적다.
② 라이너 형식보다 내마모성이 높다.
③ 부품수가 적고 중량이 가볍다.
④ 강성 및 강도가 크다.

35 오일 스트레이너에 대한 설명으로 바르지 못한 것은?

① 오일필터에 있는 오일을 여과하여 각 윤활부로 보낸다.
② 보통 철망으로 만들어져 있으며 비교적 큰 입자의 불순물을 여과한다.
③ 고정식과 부동식이 있으며 일반적으로 고정식이 많이 사용되고 있다.
④ 불순물로 인하여 여과망이 막힐 때에는 오일이 통할 수 있도록 바이패스 밸브가 설치된 것도 있다.

36 크랭크축의 위상각이 180°이고 5개의 메인 베어링에 의해 크랭크 케이스에 지지되는 엔진은?

① 2실린더 엔진
② 3실린더 엔진
③ 4실린더 엔진
④ 5실린더 엔진

37 광속의 단위로 사용하는 것은?

① 칸델라　　② 럭스
③ 루멘　　　④ 와트

38 축전지 전해액의 비중측정에 대한 설명으로 틀린 것은?

① 전해액의 비중을 측정하면 축전지 충전여부를 판단할 수 있다.
② 유리튜브 내에 전해액을 흡인하여 뜨개의 눈금을 읽는 흡입식 비중계가 있다.
③ 측정 면에 전해액을 바른 후 렌즈 내로 보이는 밝고 어두운 경계선을 읽는 광학식 비중계가 있다.
④ 전해액은 황산에 물을 조금씩 혼합하도록 하며 유리막대 등으로 천천히 저어서 냉각한다.

39 "유도 기전력의 방향은 코일 내의 자속의 변화를 방해하려는 방향으로 발생한다." 는 법칙은?

① 플레밍의 왼손법칙
② 플레밍의 오른손 법칙
③ 렌츠의 법칙
④ 자기유도 법칙

40 롤러에 사용되는 전기장치 중 플레밍의 왼손 법칙이 적용된 부품은?

① 발전기   ② 점화코일
③ 릴레이   ④ 기동전동기

41 타이어형 건설기계를 길고 급한 경사 길을 운전할 때 반 브레이크를 사용하면 어떤 현상이 생기는가?

① 라이닝은 페이드, 파이프는 스팀록
② 라이닝은 페이드, 파이프는 베이퍼 록
③ 파이프는 스팀록, 라이닝은 베이퍼 록
④ 파이프는 증기 폐쇄, 라이닝은 스팀록

42 수동변속기가 장착된 건설기계에서 주행 중 기어가 빠지는 원인이 아닌 것은?

① 기어의 물림이 덜 물렸을 때
② 기어의 마모가 심할 때
③ 클러치의 마모가 심할 때
④ 로킹 볼 장치가 불량할 때

43 건설기계에 부하가 걸릴 때 토크컨버터의 터빈속도는 어떻게 되는가?

① 빨라진다.   ② 느려진다.
③ 일정하다.   ④ 관계없다.

44 수동변속기에 클러치의 필요성으로 틀린 것은?

① 속도를 빠르게 하기 위해
② 기관의 동력을 전달 또는 차단하기 위해
③ 변속을 위해
④ 엔진을 시동할 때 무부하 상태로 놓기 위해

45 타이어형 롤러를 조종하여 작업을 할 때 주의하여야 할 사항으로 틀린 것은?

① 노견의 붕괴방지 여부
② 지반의 침하방지 여부
③ 작업범위 내에 물품과 사람을 배치
④ 낙석의 우려가 있으면 운전실에 헤드 가이드를 부착

46 롤러의 운전 전 점검사항을 나타낸 것으로 적합하지 않은 것은?

① 라디에이터의 냉각수량 확인 및 부족하면 보충
② 엔진 오일량 확인 및 부족하면 보충
③ V벨트 상태확인 및 장력이 부족하면 조정
④ 배출가스의 상태확인

47 건설기계관리법상 건설기계의 주요구조를 변경 또는 개조할 수 있는 범위에 포함되지 않는 것은?

① 조종장치의 형식변경
② 동력전달장치의 형식변경
③ 적재함의 용량증가를 위한 구조변경
④ 건설기계의 길이, 너비 및 높이 등의 변경

48 건설기계조종사면허증 발급신청을 할 때 첨부하는 서류와 가장 거리가 먼 것은?

① 국가기술자격수첩
② 신체검사서
③ 주민등록표등본
④ 소형건설기계조종교육이수증

49 대형건설기계에 속하지 않는 것은?

① 높이가 3m인 건설기계
② 너비가 3m인 건설기계
③ 길이가 17m인 건설기계
④ 총중량이 45톤이 건설기계

50 건설기계등록 전에 임시운행 사유에 해당되지 않는 것은?

① 등록신청을 하기 위하여 건설기계를 등록지로 운행하고자 할 때
② 등록신청 전에 건설기계 공사를 하기 위하여 임시로 사용하고자 할 때
③ 수출을 하기 위해 건설기계를 선적지로 운행할 때
④ 신개발 건설기계를 시험 운행하고자 할 때

51 등록되지 아니한 건설기계를 사용하거나 운행한 자에 대한 벌칙은?

① 50만 원 이하의 벌금
② 100만 원 이하의 벌금
③ 1년 이하의 징역 또는 1,000만 원 이하의 벌금
④ 2년 이하의 징역 또는 2,000만 원 이하의 벌금

52 술에 취한 상태(혈중 알코올농도 0.03% 이상 0.08% 미만)에서 건설기계를 조종한 자에 대한 면허효력정지 처분기준은?

① 20일   ② 30일
③ 40일   ④ 60일

53 건설기계대여업 등록신청서에 첨부하여야 할 서류가 아닌 것은?

① 건설기계 소유사실을 증명하는 서류
② 사무실의 소유권 또는 사용권이 있음을 증명하는 서류
③ 주민등록표등본
④ 주기장 소재지를 관할하는 시장·군수·구청장이 발급한 주기장시설 보유 확인서

54 건설기계등록신청에 대한 설명으로 맞는 것은?

① 시·군·구청장에게 취득한 날로부터 10일 이내 등록신청을 한다.
② 시·도지사에게 취득한 날로부터 15일 이내 등록신청을 한다.
③ 시·군·구청장에게 취득한 날로부터 1개월 이내 등록신청을 한다.
④ 시·도지사에게 취득한 날로부터 2개월 이내 등록신청을 한다.

55 건설기계조종사면허증의 반납사유에 해당하지 않는 것은?

① 면허가 취소된 때
② 면허의 효력이 정지된 때
③ 건설기계조종을 하지 않을 때
④ 면허증의 재교부를 받은 후 잃어버린 면허증을 발견한 때

56 건설기계관리법상 건설기계조종사면허취소 또는 효력정지를 시킬 수 있는 자는?

① 대통령
② 경찰서장
③ 시장·군수 또는 구청장
④ 국토교통부장관

57 유압장치에서 방향제어밸브에 해당하는 것은?

① 셔틀 밸브   ② 릴리프 밸브
③ 시퀀스 밸브   ④ 언로드 밸브

58 그림의 유압기호는 무엇을 표시하는가?

① 복동가변식 전자 액추에이터
② 회전형 전기 액추에이터
③ 단동가변식 전자 액추에이터
④ 직접파일럿 조작 액추에이터

59 액체의 일반적인 성질이 아닌 것은?

① 액체는 힘을 전달할 수 있다.
② 액체는 운동을 전달할 수 있다.
③ 액체는 압축할 수 있다.
④ 액체는 운동방향을 바꿀 수 있다.

60 유압장치에서 내구성이 강하고 작동 및 움직임이 있는 곳에 사용하기 적합한 호스는?

① 플렉시블 호스
② 구리파이프
③ 강 파이프
④ PVC호스

1	③	2	④	3	①	4	③	5	①	6	③	7	③	8	④	9	③	10	③
11	①	12	③	13	②	14	④	15	②	16	③	17	③	18	④	19	②	20	③
21	②	22	④	23	②	24	④	25	④	26	③	27	②	28	②	29	③	30	④
31	①	32	④	33	③	34	④	35	④	36	①	37	②	38	②	39	②	40	④
41	①	42	①	43	④	44	②	45	③	46	②	47	③	48	①	49	①	50	②
51	①	52	③	53	③	54	④	55	③	56	③	57	④	58	②	59	④	60	③

01 담배는 흡연구역에서 흡연하여야 한다.

02 현장에서 작업자가 작업 안전상 꼭 알아두어야 할 사항은 안전규칙 및 수칙이다.

03 퓨즈는 반드시 규정용량의 부품을 사용하여야 한다.

04 망치(hammer) 작업을 할 때 주의사항
- 망치자루의 손잡이 부분을 잡아 놓치지 않도록 할 것
- 장갑을 착용하지 말 것
- 타격할 때 처음과 마지막에 힘을 많이 가하지 말 것
- 열처리된 재료는 해머작업을 하지 말 것

05 유류화재의 소화용으로 물을 사용해서는 안 된다.

06 안전을 지킴으로서 얻을 수 있는 이점
- 직장의 신뢰도를 높여준다.
- 직장 상·하 동료 간 인간관계 개선효과가 기대된다.
- 사내 안전수칙이 준수되어 질서유지가 실현된다.
- 이직률이 감소한다.
- 근로자의 생명과 건강을 지킬 수 있다.

07 분진(먼지)이 발생하는 장소에서는 방진마스크를 착용하여야 한다.

08 공동 작업으로 물건을 들어 이동할 때 운반도중 상대방에게 무리하게 힘을 가해서는 안 된다.

09 아크용접에서 눈을 보호하기 위해 차광용 안경을 착용한다.

10 연료탱크는 폭발할 우려가 있으므로 용접해서는 안 된다.

11 변속기에서 심한 잡음이 나는 원인은 윤활유가 부족할 때, 기어가 마모 및 손상되었을 때, 기어 샤프트 지지 베어링이 마모 및 손상되었을 때이다.

12 13.00-24-18PR로 명기된 것은 타이어 규격이다.

13 클러치의 구비조건에는 회전부분의 관성력이 작을 것, 동력전달이 확실하고 신속할 것, 방열이 잘되어 과열되지 않을 것, 회전부분의 평형이 좋을 것, 단속 작용이 확실하며 조작이 쉬울 것 등이 있다.

14 이상소음 및 이상 진동점검은 운전 중 점검이다.

15 유압조향방식 롤러에서 조향불능 원인에는 유압 펌프 결함조향, 유압호스 파손, 유압실린더 결함이 있다.

16 클러치 릴리스 레버의 선단이 마모되면 페달의 자유간극이 커져 동력차단이 불량해진다.

17 롤러의 성능과 능력은 선압, 윤하중, 다짐폭, 접지압, 기진력으로 나타낸다.

18 배기 브레이크는 감속 브레이크에 속한다.

19 종 감속장치의 동력전달방식에는 평기어 방식, 베벨기어 방식, 체인구동 방식 등이 있다.

20 로드롤러의 동력전달 순서는 엔진 → 클러치 → 변속기 → 역전기 → 종 감속장치 → 롤이다.

21 롤러는 다짐 방법에 따라 자체중량을 이용하는 전압형식, 진동을 이용하는 진동형식, 충격력을 이용하는 충격형식 등이 있다.

22 타이어 롤러의 타이어가 상하로 요동하도록 하는 이유는 하중을 받아 다짐작업이 잘되도록 하기 위함이다.

24 머캐덤 롤러는 앞바퀴 1개, 뒷바퀴 2개로 되어 있으며, 앞바퀴로는 조향을 하고, 뒷바퀴로 구동을 한다. 주로 기초 다짐에 사용하며, 최종 다짐 작업에는 사용하지 못한다. 롤러는 모두 뒷바퀴에만 브레이크 장치를 설치한다.

25 **전압별 전기 이격거리**

구분	전압	이격 거리
저압·고압	100V, 200V	2m
	6,600V	2m
특별 고압	22,000V	3m
	66,000V	4m
	154,000V	5m
	275,000V	7m
	500,000V	11m

26 롤러의 규격이 8~12톤이란 자체중량이 8톤이고 4톤의 부가하중(밸러스트)을 더 할 수 있다는 의미이다.

27 롤러의 정유압 전도장치에 해당되는 것은 유압펌프 – 제어밸브 – 유압모터이다.

28 장비 능력의 범위에서도 최대한으로 작업해서는 안 된다.

29 부품에 윤활막이 유지되지 않으면 구성부품의 마모가 증가한다.

30 자재이음의 종류에는 십자형 자재이음(훅형), 플렉시블 이음, 트러니언 이음, 등속도 자재이음(트랙터형, 벤딕스 와이스형, 제파형, 버필드형) 등이 있다.

31 건설기계라 함은 건설공사에 사용할 수 있는 기계로서 대통령령으로 정한 것이다.

32 제1종 대형 운전면허로 조종할 수 있는 건설기계는 덤프트럭, 아스팔트 살포기, 노상 안정기, 콘크리트 믹서트럭, 콘크리트 펌프, 천공기(트럭적재식)이다.

33 제동장치 수리는 건설기계정비업 등록을 한 자가 하여야 한다.

34 건설기계를 주택가 주변에 세워 두어 교통소통을 방해하거나 소음 등으로 주민의 생활환경을 침해한 자에 대한 벌칙은 50만 원 이하의 과태료이다.

35 총중량이란 자체중량에 최대적재중량과 조종사를 포함한 승차인원의 체중을 합한 것이며, 승차인원 1명의 체중은 65킬로그램으로 본다.

36 수시검사란 성능이 불량하거나 사고가 자주 발생하는 건설기계의 안전성 등을 점검하기 위하여 수시로 실시하는 검사이며 건설기계 소유자의 신청을 받아 실시하는 검사이다.

37 등록되지 아니하거나 등록말소된 건설기계를 사용하거나 운행한 자는 2년 이하의 징역 또는 2,000만 원 이하의 벌금에 처한다.

38 건설기계등록신청은 건설기계를 취득한 날(판매를 목적으로 수입된 건설기계의 경우에는 판매한 날)부터 2월 이내에 하여야 한다.(다만, 전시·사변, 기타 이에 준하는 국가비상사태하에 있어서는 5일 이내에 신청하여야 한다.)

39 건설기계를 도난당한 경우에는 사유가 발생한 날부터 2개월 이내에 등록 말소를 신청하여야 한다.

40 **대형건설기계의 범위**
- 길이가 16.7미터를 초과하는 건설기계
- 너비가 2.5미터를 초과하는 건설기계
- 높이가 4.0미터를 초과하는 건설기계
- 최소회전반경이 12미터를 초과하는 건설기계
- 총중량이 40톤을 초과하는 건설기계(다만, 굴착기, 로더 및 지게차는 운전중량이 40톤을 초과하는 경우)
- 총중량 상태에서 축하중이 10톤을 초과하는 건설기계(다만, 굴착기, 로더 및 지게차는 운전중량 상태에서 축하중이 10톤을 초과하는 경우)

41 습식 공기청정기의 엘리먼트는 스틸 울이나로 세척하여 다시 사용한다.

42 분사노즐은 분사펌프에 보내준 고압의 연료를 연소실에 안개 모양으로 분사하는 부품이다.

43 격리판은 음극판과 양극판의 단락을 방지한다. 즉, 절연성을 높인다.

44 일체형 실린더는 강성 및 강도가 크고 냉각수 누출 우려가 적으며, 부품수가 적고 중량이 가볍다.

45 전기자 철심을 두께 0.35~1.0mm의 얇은 철판을 각각 절연하여 겹쳐 만든 이유는 자력선을 잘 통과시키고, 맴돌이 전류를 감소시키기 위함이다.

46 디젤기관 연료(경유)의 구비조건은 자연발화점이 낮을 것(착화가 용이할 것), 카본의 발생이 적고, 황의 함유량이 적을 것, 세탄가가 높고, 발열량이 클 것, 적당한 점도를 지니며, 온도변화에 따른 점도변화가 적을 것, 연소속도가 빠를 것이다.

47 기관오일의 여과방식에는 분류식, 샨트식, 전류식이 있다.

48 직류발전기는 전기자 코일과 정류자, 계철과 계자철심, 계자코일과 브러시 등으로 구성된다.

49 기관 과열의 원인에는 팬벨트의 장력이 적거나 파손되었을 때, 냉각 팬이 파손되었을 때, 라디에이터 호스가 파손되었을 때, 라디에이터 코어가 20% 이상 막혔을 때, 라디에이터 코어가 파손되었거나 오손되었을 때, 물 펌프의 작동이 불량할 때, 수온조절기(정온기)가 닫힌 채 고장이 났을 때, 수온조절기가 열리는 온도가 너무 높을 때, 물재킷 내에 스케일(물 때)이 많이 쌓여 있을 때, 냉각수 양이 부족할 때 등이 있다.

50 실드 빔 형식 전조등은 반사경에 필라멘트를 붙이고 여기에 렌즈를 녹여 붙인 후 내부에 불활성 가스를 넣어 그 자체가 1개의 전구가 되도록 한 것이며, 사용에 따르는 광도의 변화가 적다.

51 유압펌프의 오일 토출유량이 과다하면 유압모터의 회전속도가 빨라진다.

52 유압상지의 열 발생원인은 작동유의 점도가 너무 높을 때, 유압장치 내에서 내부마찰이 발생될 때, 유압회로 내의 작동압력이 너무 높을 때, 유압회로 내에서 캐비테이션이 발생될 때, 릴리프 밸브가 닫힌 상태로 고장일 때, 오일 냉각기의 냉각핀이 오손되었을 때, 작동유가 부족할 때이다.

53 **유압장치의 장점**
• 작은 동력원으로 큰 힘을 낼 수 있다.
• 과부하 방지가 용이하다.
• 운동방향을 쉽게 변경할 수 있다.
• 속도제어가 용이하다.
• 에너지 축적이 가능하다.
• 힘의 전달 및 증폭이 용이하다.
• 힘의 연속적 제어가 용이하다.
• 윤활성, 내마멸성 및 방청성이 좋다.

54 오일탱크에서 오버플로(over flow, 흘러넘침)가 발생하는 경우는 공기가 혼입된 경우이다.

55 언로드(무부하) 밸브는 유압회로 내의 압력이 설정압력에 도달하면 유압펌프에서 토출된 오일을 전부 오일탱크로 회송시켜 유압펌프를 무부하로 운전시키는 데 사용한다.

56 **어큐뮬레이터(축압기)의 용도**
• 압력보상 및 체적변화를 보상한다.
• 유압에너지 축적 및 유압회로를 보호한다.
• 맥동감쇠 및 충격압력을 흡수한다.
• 일정압력유지 및 보조동력원으로 사용한다.

57 압력에 영향을 주는 요소는 유체의 흐름량, 유체의 점도, 관로직경의 크기이다.

58 유압펌프의 종류에는 기어펌프, 베인 펌프, 피스톤(플런저) 펌프, 나사 펌프, 트로코이드 펌프 등이 있다.

59 갑자기 유압상승이 되지 않을 경우 유압펌프로부터 유압이 발생되는지 점검, 오일탱크의 오일량 점검, 릴리프 밸브의 고장인지 점검, 오일이 누출되었는지 점검한다.

60 체크 밸브는 역류를 방지하고, 회로 내의 잔류압력을 유지시키며, 오일의 흐름이 한쪽 방향으로만 가능하게 한다.

2회 실전 모의고사 정답 및 해설

1	③	2	③	3	④	4	④	5	③	6	②	7	③	8	①	9	②	10	③
11	④	12	③	13	②	14	③	15	④	16	③	17	②	18	③	19	③	20	④
21	③	22	①	23	④	24	①	25	①	26	③	27	③	28	④	29	①	30	①
31	①	32	②	33	④	34	④	35	③	36	④	37	③	38	②	39	①	40	①
41	④	42	④	43	④	44	①	45	④	46	③	47	③	48	①	49	②	50	④
51	②	52	①	53	②	54	④	55	③	56	①	57	②	58	③	59	②	60	①

01 공동현상(캐비테이션)은 저압부분의 유압이 진공에 가까워짐으로서 기포가 발생하며, 기포가 파괴되어 국부적인 고압이나 소음과 진동이 발생하고, 양정과 효율이 저하되는 현상이다.

02 유압펌프의 종류에는 기어펌프, 베인 펌프, 피스톤(플런저) 펌프, 나사 펌프, 트로코이드 펌프 등이 있다.

04 옆 작업자에게 공구를 던져서 전달하면 안 된다.

05 토크렌치는 볼트와 너트를 조일 경우에만 사용하여야 한다.

06 안전모에 구멍을 뚫어서는 안 된다.

07 작업장에서 작업복을 착용하는 이유는 재해로부터 작업자의 몸을 보호하기 위함이다.

08 중량물 운반 작업을 할 때에는 중작업용 안전화를 착용하여야 한다.

09 절단하거나 깎는 작업을 할 때는 반드시 보안경을 착용하여야 한다.

10 구동벨트를 점검할 때에는 기관의 가동이 정지된 상태이어야 한다.

11 직접적인 재해의 원인은 불안전한 행동이다.

13 진동롤러는 제방 및 도로 경사지 모서리 다짐에 사용되며, 또 흙·자갈 등의 다짐에 효과적이다.

14 경사지에 주차할 때에는 주차제동장치를 체결하고 바퀴에 고임목을 고여야 한다.

15 로드 롤러의 동력전달 순서는 기관 → 클러치 → 변속기 → 감속기어(역전기) → 차동장치 → 최종 감속기어 → 뒤 차륜이다.

16 머캐덤 롤러는 앞바퀴 1개, 뒷바퀴가 2개인 것이며, 2개의 뒷바퀴로 구동을 하고 앞바퀴 1개로는 조향을 한다. 용도는 초기 다짐에 주로 사용되며, 자갈·모래 및 흙 등을 다지는 데 매우 효과적이며 아스팔트 마지막 다짐에는 사용하지 못한다.

17 엔진오일은 마모방지 성능, 마찰 감소, 녹과 부식의 방지 성능, 냉각 성능, 밀봉 성능, 기포발생 방지성능이 있어야 한다.

18 펴는 흙의 두께는 다져진 상태의 두께이며, 일반적으로 노체(흙바닥), 축제에서 30cm, 노상은 20cm, 하층 노반은 10~15cm를 표준으로 한다.

19 롤러의 규격이 8-12톤이라고 표시되는 경우 자체중량이 8톤이고 4톤의 부가하중(밸러스트)을 더 할 수 있다는 의미이다.

20 예방정비(일상점검)
- 예방정비는 시동을 걸기 전, 운전 중, 작업 후에 운전자가 실시한다.
- 예기치 않은 고장이나 사고를 사전에 방지하기 위하여 행하는 정비이다.
- 예방정비를 실시할 때는 일정한 계획표를 작성 후 실시하는 것이 바람직하다.
- 예방정비의 효과는 장비의 수명연장, 성능유지, 수리비 절감 등이 있다.

21 차동제한장치는 머캐덤 롤러로 작업할 때 모래땅이나 연약한 지반에서 차륜의 슬립을 방지하여 작업 또는 직진성능을 주기 위하여 설치한다.

22 **롤러의 분류**
- 전압방식 : 탠덤 롤러, 머캐덤 롤러, 타이어 롤러
- 진동방식 : 진동 롤러, 컴팩터
- 충격방식 : 래머, 탬퍼

23 아스팔트 다짐에 타이어 롤러를 사용하는 이유는 다짐 속도가 빠르고, 균일한 밀도를 얻을 수 있으며, 타이어 공기압을 이용한 접지압 조정이 용이하기 때문이다.

24 롤러의 유압실린더는 방향을 전환하는 데 사용된다.

25 진동롤러가 경사지를 내려올 때에는 구동 타이어를 앞쪽으로 하고 내려온다.

27 롤러 작업 후 점검 및 관리사항은 깨끗하게 유지 관리할 것, 부족한 연료량을 보충할 것, 볼트·너트 등의 풀림 상태를 점검할 것 등이다.

28 탬핑롤러는 강판제의 드럼 바깥둘레에 여러 개의 돌기가 용접으로 고정되어 있어 흙을 다지는 데 매우 효과적이므로 도로의 성토, 하천제방, 어스댐(earth dam) 등의 넓은 면적을 두꺼운 층으로 균일한 다짐을 요하는 경우 사용된다.

30 유압방식 진동롤러의 동력전달 순서는 기관 → 유압펌프 → 유압제어장치 → 유압모터 → 차동기어장치 → 최종감속장치 → 바퀴이다.

31 시·도지사로부터 등록번호표제작 등의 통지서 또는 명령서를 받은 건설기계소유자는 그 받은 날부터 3일 이내에 등록번호표제작자에게 그 통지서 또는 명령서를 제출하고 등록번호표제작 등을 신청하여야 한다.

32 대형건설기계에는 길이가 16.7미터를 초과하는 건설기계, 너비가 2.5미터를 초과하는 건설기계, 높이가 4.0미터를 초과하는 건설기계, 최소회전반경이 12미터를 초과하는 건설기계, 총중량이 40톤을 초과하는 건설기계(다만, 굴착기, 로더 및 지게차는 운전중량이 40톤을 초과하는 경우), 총중량 상태에서 축하중이 10톤을 초과하는 건설기계(다만, 굴착기, 로더 및 지게차는 운전중량 상태에서 축하중이 10톤을 초과하는 경우)가 있다.

33 건설기계의 성기검사 유효기간이 1년이 되는 것은 신규등록일로부터 20년이 초과되었을 때이다.

34 건설기계조종사면허가 취소되었을 경우 그 사유가 발생한 날로부터 10일 이내에 면허증을 반납해야 한다.

35 **건설기계조종사의 면허취소사유**
- 거짓이나 그 밖의 부정한 방법으로 건설기계조종사면허를 받은 경우
- 건설기계조종사면허의 효력정지기간 중 건설기계를 조종한 경우
- 건설기계 조종 상의 위험과 장해를 일으킬 수 있는 정신질환자 또는 뇌전증 환자로서 국토교통부령으로 정하는 사람
- 앞을 보지 못하는 사람, 듣지 못하는 사람, 그 밖에 국토교통부령으로 정하는 장애인
- 건설기계 조종 상의 위험과 장해를 일으킬 수 있는 마약·대마·향정신성의약품 또는 알코올 중독자로서 국토교통부령으로 정하는 사람
- 고의로 인명피해(사망·중상·경상 등)를 입힌 경우
- 건설기계조종사면허증을 다른 사람에게 빌려 준 경우
- 술에 만취한 상태(혈중 알코올농도 0.08% 이상)에서 건설기계를 조종한 경우
- 술에 취한 상태에서 건설기계를 조종하다가 사고로 사람을 죽게 하거나 다치게 한 경우
- 2회 이상 술에 취한 상태에서 건설기계를 조종하여 면허효력정지를 받은 사실이 있는 사람이 다시 술에 취한 상태에서 건설기계를 조종한 경우
- 약물(마약·대마·향정신성의약품 및 환각물질)을 투여한 상태에서 건설기계를 조종한 경우
- 정기적성검사를 받지 않거나 적성검사에 불합격한 경우

36 유효기간의 산정은 정기검사신청기간 내에 정기검사를 받은 경우에는 종전 검사유효기간 만료일의 다음 날부터이다. 그 외의 경우에는 검사를 받은 날의 다음 날부터 기산한다.

37 건설기계등록의 말소사유는 거짓이나 그 밖의 부정한 방법으로 등록을 한 경우, 건설기계가 천재지변 또는 이에 준하는 사고 등으로 사용할 수 없게 되거나 멸실된 경우, 건설기계의 차대(車臺)가 등록 시의 차대와 다른 경우, 건설기계가 건설기계안전기준에 적합하지 아니하게 된 경우, 최고(催告)를 받고 지정된 기한까지 정기검사를 받지 아니한 경우, 건설기계를 수출하는 경우, 건설기계를 도난당한 경우, 건설기계를 폐기한 경우, 구조적 제작 결함 등으로 건설기계를 제작자 또는 판매자에게 반품한 때, 건설기계를 교육·연구 목적으로 사용하는 경우이다.

38 건설기계조종사면허를 받지 아니하고 건설기계를 조종한 자는 1년 이하의 징역 또는 1,000만 원 이하의 벌금에 처한다.

39 구조변경검사 또는 수시검사를 받지 아니한 자는 1년 이하의 징역 또는 1,000만 원 이하의 벌금에 처한다.

40 건설기계의 구조변경을 할 수 없는 경우는 건설기계의 기종변경, 육상작업용 건설기계의 규격을 증가시키기 위한 구조변경, 육상작업용 건설기계의 적재함 용량을 증가시키기 위한 구조변경을 한 경우이다.

41 4행정 사이클 기관의 행정순서는 흡입 → 압축 → 동력(폭발) → 배기이다.

42 실린더 내에서 폭발이 일어나면 피스톤 → 커넥팅로드 → 크랭크축 → 플라이휠(클러치) 순서로 전달된다.

43 작업 후 탱크에 연료를 가득 채워주는 이유는 다음의 작업을 준비, 연료의 기포방지, 연료탱크 내의 공기 중의 수분이 응축되어 물이 생기는 것을 방지하기 위함이다.

44 밀봉작용은 기밀유지 작용이라고도 하며, 실린더와 피스톤 사이에 유막을 형성하여 압축 및 연소가스가 누설되지 않도록 기밀을 유지한다.

46 **가압방식(압력순환방식) 라디에이터의 장점**
- 라디에이터(방열기)를 작게 할 수 있다.
- 냉각수의 비등점을 높여 비등에 의한 손실을 줄일 수 있다.
- 냉각수 손실이 적어 보충횟수를 줄일 수 있다.
- 기관의 열효율이 향상된다.

47 퓨즈를 가는 구리선으로 대용해서는 안 된다.

48 축전지 내부의 충·방전작용은 화학작용을 이용한다.

49 기관 시동으로 사용하는 전동기는 직류직권 전동기이다.

50 교류발전기는 전류를 발생하는 스테이터(stator), 전류가 흐르면 전자석이 되는(자계를 발생하는) 로터(rotor), 스테이터 코일에서 발생한 교류를 직류로 정류하는 다이오드, 여자전류를 로터코일에 공급하는 슬립링과 브러시, 엔드 프레임 등으로 되어 있다.

51 유성기어장치의 주요부품은 선 기어, 유성기어, 링 기어, 유성기어 캐리어이다.

52 브레이크 드럼의 구비조건에는 내마멸성이 클 것, 정적·동적 평형이 잡혀 있을 것, 가볍고 강도와 강성이 클 것, 방열(냉각)이 잘될 것 등이 있다.

53 **유압유의 과열**
- 작동유의 열화를 촉진한다.
- 작동유의 점도의 저하에 의해 누출되기 쉽다.
- 유압장치의 효율이 저하한다.
- 온도변화에 의해 유압기기가 열변형되기 쉽다.
- 작동유의 산화작용을 촉진한다.
- 유압장치의 작동불량 현상이 발생한다.
- 기계적인 마모가 발생할 수 있다.

54 카운터밸런스 밸브는 유압실린더 등이 중력 및 자체중량에 의한 자유낙하를 방지하기 위해 배압을 유지한다.

57 관로에 공기가 침입하면 실린더 숨 돌리기 현상, 열화촉진, 공동현상 등이 발생한다.

58 어큐뮬레이터(축압기)의 용도는 압력보상 및 체적변화를 보상, 유압에너지 축적 및 유압회로를 보호, 맥동감쇠 및 충격압력을 흡수, 일정압력 유지 및 보조동력원으로 사용 등이다.

59 압력제어밸브의 종류에는 릴리프 밸브, 리듀싱(감압) 밸브, 시퀀스(순차) 밸브, 언로드(무부하) 밸브, 카운터밸런스 밸브가 있다.

60 유체에너지를 이용하여 외부에 기계적인 일을 하는 유압기기(액추에이터)의 종류에는 유압모터와 유압실린더가 있다.

3회 실전 모의고사 정답 및 해설

1	④	2	①	3	②	4	③	5	①	6	②	7	③	8	②	9	④	10	④
11	①	12	③	13	③	14	②	15	④	16	③	17	②	18	④	19	④	20	②
21	①	22	③	23	②	24	④	25	③	26	③	27	④	28	②	29	③	30	②
31	①	32	②	33	④	34	③	35	③	36	②	37	①	38	②	39	③	40	②
41	③	42	①	43	③	44	④	45	④	46	④	47	③	48	①	49	②	50	②
51	①	52	①	53	④	54	③	55	②	56	③	57	①	58	④	59	②	60	②

01 벨트의 회전을 정지시킬 때 손으로 잡아 정지시키면 위험하다.

02 응급조치상해란 1일 미만의 치료를 받고 다음부터 정상작업에 임할 수 있는 정도의 상해이다.

03 보호구의 구비조건은 착용이 간편할 것, 작업에 방해가 되지 않도록 할 것, 유해 위험요소에 대한 방호성능이 충분할 것, 재료의 품질이 양호할 것, 구조와 끝마무리가 양호할 것, 겉모양과 표면이 섬세하고 외관상 좋을 것, 사용목적에 적합할 것, 사용방법이 간편하고 손질이 쉬울 것이다.

04 아세틸렌 용접장치의 안전기는 발생기와 가스용기 사이에 설치된다.

05 산업재해조사의 목적은 적절한 예방대책을 수립하기 위함이다.

07 가열, 마찰, 충격 또는 다른 화학물질과의 접촉 등으로 인하여 산소나 산화재 등의 공급이 없더라도 폭발 등 격렬한 반응을 일으킬 수 있는 물질에는 질산에스테르류, 유기과산화물, 니트로화합물, 니트로소화합물, 아조화합물, 디아조화합물, 히드라진 유도체, 히드록실아민, 히드록실아민 염류 등이 있다.

08 접선물림 점과 관계가 있는 것은 V벨트, 체인과 벨트, 기어와 랙이다.

10 연삭기의 숫돌 받침대와 숫돌과의 틈새는 2~3mm 이내로 조정한다.

11 자재이음(유니버설 조인트)은 변속기와 종 감속기어 사이(추진축)의 구동각도 변화를 가능하게 한다.

12 타이어 롤러에서 전압은 밸러스트와 타이어 공기압으로 조정한다.

13 **캠버의 필요성**
   • 앞차축의 휨을 적게 한다.
   • 조향 휠(핸들)의 조작을 가볍게 한다.
   • 토(toe)와 관련성이 있다.

14 다짐작업을 할 때 같은 위치에 정지하지 않도록 하고 정지시간은 짧게 한다.

16 부품에 윤활막이 유지되지 않으면 구성부품의 마모가 증가한다.

17 다짐작업은 직선방향으로 한다.

18 롤러의 유압실린더는 방향을 전환하는 데 사용된다.

20 2륜 방식 철륜롤러의 안내륜과 연결되어 있는 요크에는 그리스를 주유한다.

21 진동롤러의 기진력의 크기를 결정하는 요소에는 편심추의 회전수, 편심추의 무게, 편심추의 편심량 등이 있다.

22 타이어 롤러의 전축과 후축의 타이어수가 다른 이유는 노면을 일정하게 다지기 위함이다.

23 탬핑롤러는 2축 또는 3축에 철재 바퀴를 앞뒤 직렬로 배열한 것으로 아스팔트 포장면의 기초 및 마무리 다짐 작업과 퍼석퍼석한 지반의 기초 다짐에 주로 사용된다.

24 차동고정장치(차동제한장치)는 작업할 때 모래땅이나 연약 지반에서 작업 또는 직진성능을 주기 위하여 설치한다.

26 롤러의 규격이 8-12톤이라는 표시는 자체중량이 8톤이고 4톤의 부가하중(밸러스트)을 더 할 수 있다는 의미이다.

28 유압식 주행 장치 진동 롤러의 동력전달 순서는 기관 → 유압펌프 → 제어장치 → 유압모터 → 차동장치 → 종 감속장치 → 차륜이다.

29 롤러의 성능과 능력은 선압, 윤하중, 다짐폭, 접지압, 기진력으로 나타낸다.

31 라디에이터의 구비조건은, 단위면적 당 방열량이 클 것, 가볍고 작으며, 강도가 클 것, 냉각수 흐름저항이 적을 것, 공기 흐름저항이 적을 것이다.

32 전 압송식은 피스톤과 피스톤 핀까지 윤활유를 압송하여 윤활하는 방식이다.

33 프라이밍 펌프는 연료공급 펌프에 설치되어 있으며, 분사 펌프로 연료를 보내거나 연료계통의 공기를 배출할 때 사용한다.

34 **직접분사식의 장점**
 • 실린더 헤드(연소실)의 구조가 간단하다.
 • 열효율이 높고, 연료소비율이 작다.
 • 연소실 체적에 대한 표면적 비율이 작아 냉각 손실이 적다.
 • 기관 시동이 쉽다.

35 헤드 개스킷의 구비조건은 기밀유지성능이 클 것, 냉각수 및 기관오일이 새지 않을 것, 내열성과 내압성이 클 것, 복원성이 있고, 강도가 적당할 것이다.

36 과급기(터보차저)를 사용하는 이유는 체적효율 증대, 출력증대, 회전력 증대이다.

37 납산축전지 내부에는 음극판, 양극판, 격리판, 전해액이 들어 있다.

38 **교류발전기의 장점**
 • 속도변화에 따른 적용 범위가 넓고 소형·경량이다.
 • 저속에서도 충전 가능한 출력전압이 발생한다.
 • 실리콘 다이오드로 정류하므로 전기적 용량이 크다.
 • 브러시 수명이 길고, 전압조정기만 있으면 된다.
 • 정류자를 두지 않아 풀리비를 크게 할 수 있다.
 • 출력이 크고, 고속회전에 잘 견딘다.
 • 실리콘 다이오드를 사용하기 때문에 정류특성이 좋다.

39 전조등회로는 병렬로 연결되어 있다.

40 정전기란 전기가 이동하지 않고 물질에 정지하고 있는 전기이다.

41 건설기계조종사면허를 받지 아니하고 건설기계를 조종한 자는 1년 이하의 징역 또는 1,000만 원 이하의 벌금에 처한다.

42 정비완료사실을 건설기계소유자에게 통보한 날로부터 5일이 경과하여도 당해 건설기계를 찾아가지 아니하는 경우 당해 건설기계의 보관·관리에 소요되는 실제 비용으로 한다.

43 덤프트럭, 콘크리트믹서, 굴착기(타이어식)는 1년이고, 타워크레인은 6개월이다.

44 등록·검사증이 헐어서 못쓰게 된 경우에는 재교부 신청을 하여야 한다.

45 **번호표의 색상**
 • 비사업용(관용 또는 자가용) : 흰색 바탕에 검은색 문자
 • 대여사업용 : 주황색 바탕에 검은색 문자
 • 임시운행 번호표 : 흰색 페인트 판에 검은색 문자

46 술에 취한 상태(혈중 알코올농도 0.03% 이상 0.08% 미만)에서 건설기계를 조종한 경우 면허효력정지 60일이다.

47 건설기계를 도로에 계속하여 방치하거나 정당한 사유 없이 타인의 토지에 방치한 자는 1년 이하의 징역 또는 1,000만 원 이하의 벌금에 처한다.

48 제1종 대형 운전면허로 조종할 수 있는 건설기계는 덤프트럭, 아스팔트 살포기, 노상 안정기, 콘크리트 믹서트럭, 콘크리트 펌프, 천공기(트럭적재식)이다.

49 임시운행사유
- 등록신청을 하기 위하여 건설기계를 등록지로 운행하는 경우
- 신규등록검사 및 확인검사를 받기 위하여 건설기계를 검사장소로 운행하는 경우
- 수출을 하기 위하여 건설기계를 선적지로 운행하는 경우
- 수출을 하기 위하여 등록말소한 건설기계를 점검·정비의 목적으로 운행하는 경우
- 신개발 건설기계를 시험·연구의 목적으로 운행하는 경우
- 판매 또는 전시를 위하여 건설기계를 일시적으로 운행하는 경우

50 건설기계의 검사에는 신규 등록검사, 정기검사, 구조변경검사, 수시검사가 있다.

51 유압유의 점도가 너무 높은 경우
- 유압이 높아지므로 유압유 누출은 감소한다.
- 유동저항이 커져 압력손실이 증가한다.
- 동력손실이 증가하여 기계효율이 감소한다.
- 내부마찰이 증가하고, 압력이 상승한다.
- 관내의 마찰손실과 동력손실이 커진다.
- 열 발생의 원인이 될 수 있다.

52 유압펌프 흡입구는 오일탱크 밑면과 어느 정도 공간을 두고 설치한다.

53 유압실린더의 종류에는 단동실린더, 복동실린더(싱글로드형과 더블로드형), 다단실린더, 램형실린더 등이 있다.

54 유압모터의 장점
- 넓은 범위의 무단변속이 용이하다.
- 소형·경량으로 큰 출력을 낼 수 있다.
- 구조가 간단하며, 과부하에 대해 안전하다.
- 정·역회전 변화가 가능하다.
- 자동원격조작이 가능하고 작동이 신속·정확하다.

- 관성력이 작아 전동모터에 비하여 급속정지가 쉽다.
- 속도나 방향의 제어가 용이하다.
- 회전체의 관성이 작아 응답성이 빠르다.

55 방향제어 밸브의 종류에는 스풀 밸브, 체크 밸브, 셔틀 밸브 등이 있다.

56 제어밸브에는 일의 크기를 결정하는 압력제어밸브, 일의 속도를 결정하는 유량제어밸브, 일의 방향을 결정하는 방향제어밸브가 있다.

57 채터링이란 릴리프 밸브에서 볼이 밸브의 시트를 때려 소음을 내는 진동현상이다.

58 기어 펌프는 최전속도에 따라 흐름용량이 변화하는 정용량형이다. 구조가 간단하고, 작동유의 오염에 비교적 강한 편이나, 플런저 펌프에 비해 효율이 낮다는 특징이 있다.

60 오일의 점도가 높으면 오일의 압력이 높아진다.

실전 모의고사 정답 및 해설

1	④	2	③	3	①	4	④	5	③	6	①	7	②	8	③	9	②	10	④
11	②	12	④	13	①	14	②	15	③	16	④	17	④	18	④	19	②	20	④
21	③	22	③	23	①	24	④	25	①	26	③	27	③	28	②	29	③	30	④
31	④	32	②	33	②	34	①	35	②	36	③	37	③	38	④	39	②	40	③
41	④	42	①	43	①	44	④	45	①	46	③	47	②	48	④	49	①	50	①
51	④	52	①	53	③	54	②	55	③	56	③	57	①	58	③	59	②	60	①

01 기어펌프는 정용량형이며, 제작이 용이하나 다른 펌프에 비해 소음이 큰 단점이 있다.

02 캐비테이션은 공동현상이라고도 부르며, 유압장치 내에 국부적인 높은 압력과 소음·진동이 발생하는 현상이다.

03 O-링의 구비조건은 내압성과 내열성이 클 것, 피로강도가 크고, 비중이 적을 것, 탄성이 양호하고 압축변형이 적을 것, 정밀가공 면을 손상시키지 않을 것, 설치하기가 쉬울 것이다.

04 유압모터에서 소음과 진동 발생 원인은 내부부품의 파손, 작동유 속에 공기의 혼입, 체결 볼트의 이완 등이다.

05 안전·보건표지의 종류에는 금지표지, 경고표지, 지시표지, 안내표지 등이 있다.

06 연삭기에는 연삭 칩의 비산을 막기 위하여 안전덮개를 부착하여야 한다.

08 사고를 많이 발생시키는 원인 순서는 불안전 행위 → 불안전 조건 → 불가항력이다.

09 토크렌치는 볼트나 너트를 조일 때만 사용한다.

10 기계 및 기계장치가 넓은 장소에 설치되어 있을 때 사고가 발생하기 쉽다.

11 **화재의 분류**
- A급 : 연소 후 재를 남기는 일반화재
- B급 : 유류화재
- C급 : 전기화재
- D급 : 금속화재

12 작업복을 착용하는 이유는 재해로부터 작업자의 몸을 보호하기 위함이다.

13 액체약품을 취급할 때 비산물체로부터 눈을 보호하기 위해 고글형 보안경을 착용한다.

14 바닥에 물을 뿌리면 미끄러우므로 위험하다.

15 기관이 시동된 건설기계에서 잠시 내릴 때에는 변속레버를 중립에 두어야 한다.

16 머캐덤 롤러는 앞바퀴 1개, 뒷바퀴 2개로 되어 있으며, 앞바퀴로는 조향을 하고, 뒷바퀴로 구동을 한다. 주로 기초 다짐에 사용하며, 최종 다짐 작업에는 사용하지 못한다. 롤러는 모두 뒷바퀴에만 브레이크 장치를 설치한다.

17 부가하중(밸러스트)은 롤러 자체중량으로는 다짐 압력이 부족할 때 금속, 물, 모래, 오일 등을 롤(바퀴)에 주입하여 다짐 압력을 높이는 부품이다.

18 사용설명서로 파악할 수 있는 사항은 유지관리에 대한 사항, 성능, 각 부분의 명칭과 기능 등이다.

19 장비 능력의 범위에서도 최대한 작업을 해서는 안 된다.

20 라디에이터 캡을 열 때에는 냉각장치 내의 냉각수가 식은 다음에 열어야 한다.

21 부품에 윤활막이 유지되지 않으면 구성부품의 마모가 증가한다.

22 롤러 작업 후 점검 및 관리사항에는 깨끗하게 유지 관리할 것, 부족한 연료량을 보충할 것, 볼트·너트 등의 풀림 상태를 점검할 것 등이 있다.

23 살수장치의 노즐분사방식에는 기계방식과 전기방식이 있다.

24 아스팔트 다짐(롤링)작업을 할 때 바퀴에 물을 뿌리는 이유는 바퀴에 아스팔트 부착방지를 위함이다.

25 탬퍼에는 밸러스트를 적재할 수 없다.

26 다짐작업을 할 때 주행속도는 일정하게 하여야 한다.

27 **롤러의 분류**
 • 전압방식 : 탠덤 롤러, 머캐덤 롤러, 타이어 롤러
 • 진동방식 : 진동 롤러, 컴팩터
 • 충격방식 : 래머, 탬퍼

28 롤러의 성능과 능력은 선압, 윤하중, 다짐 폭, 접지압력, 기진력으로 표시한다.

29 머캐덤 롤러는 앞바퀴 1개, 뒷바퀴가 2개이며, 아스팔트 포장면의 초기다짐에 주로 사용된다.

30 2축, 3축 롤러의 작업 자세에는 자유 다짐, 반고정 다짐, 전고정 다짐이 있다.

31 디젤기관에서 노킹은 연소실에 누적된 연료가 많아 일시에 연소할 때 발생한다.

32 **실린더 수가 많을 때의 특징**
 • 회전력의 변동이 적어 기관 진동과 소음이 적다.
 • 회전의 응답성이 양호하다.
 • 저속회전이 용이하고 출력이 높다.
 • 가속이 원활하고 신속하다.
 • 흡입공기의 분배가 어렵고 연료소비가 크다.
 • 구조가 복잡하여 제작비가 비싸다.

33 릴리프 밸브는 윤활장치나 유압장치에서 유압을 규정 값으로 제어한다.

34 공기빼기를 하여야 하는 경우는 연료탱크 내의 연료가 결핍되어 보충한 경우, 연료호스나 파이프 등을 교환한 경우, 연료공급펌프 및 연료필터의 교환한 경우, 분사펌프를 탈부착한 경우이다.

35 윤활유의 성질 중 가장 중요한 것은 점도이다.

36 헤드개스킷은 실린더 헤드와 블록 사이에 삽입하여 압축과 폭발가스의 기밀을 유지하고 냉각수와 엔진오일이 누출되는 것을 방지한다.

37 퓨즈는 전기장치에서 과전류에 의한 화재예방을 위해 사용하는 부품이다.

38 교류발전기의 다이오드는 스테이터 코일에서 발생한 교류를 직류로 변환시키는 정류작용과 축전지의 전류가 발전기로 역류하는 것을 방지한다.

39 축전지의 용량에 영향을 주는 요인은 방전율과 극판의 크기, 전해액의 비중, 극판의 수 등이다.

40 방열판(히트 싱크)은 교류발전기의 다이오드가 과열되는 것을 방지하는 부품이다.

41 토인은 좌우 앞바퀴의 간격이 앞보다 뒤가 넓다.

42 타이어 림에 경미한 균열이 발생하였더라도 교환하여야 한다.

44 예방정비는 운전자가 시동 전, 작업 중, 작업 후 점검하여야 하는 점검이다.

45 건설기계라 함은 건설공사에 사용할 수 있는 기계로서 대통령령으로 정한 것이다.

46 수시검사란 성능이 불량하거나 사고가 자주 발생하는 건설기계의 안전성 등을 점검하기 위하여 수시로 실시하는 검사이며 건설기계 소유자의 신청을 받아 실시하는 검사이다.

47 건설기계사업을 하려는 자(지방자치단체는 제외)는 대통령령으로 정하는 바에 따라 사업의 종류별로 특별자치시장·특별자치도지사·시장·군수 또는 구청장에게 등록하여야 한다.

48 건설기계를 조종 중에 고의 또는 과실로 가스공급시설을 손괴한 경우 면허효력정지 180일이다.

49 롤러 조종사 면허로 조종할 수 있는 건설기계는 롤러, 모터그레이더, 스크레이퍼, 아스팔트피니셔, 콘크리트피니셔, 콘크리트살포기 및 골재살포기이다.

50 건설기계소유자가 정비업소에 건설기계 정비를 의뢰한 후 정비업자로부터 정비완료 통보를 받고 5일 이내에 찾아가지 않을 때 보관·관리 비용을 지불하여야 한다.

51 건설기계등록신청은 건설기계를 취득한 날로부터 2개월 이내에 하여야 한다.

52 건설기계정비업의 구분에는 종합건설기계정비업, 부분건설기계정비업, 전문건설기계정비업 등이 있다.

53 무면허 건설기계 조종사에 대한 벌칙은 1년 이하의 징역 또는 1,000만 원 이하의 벌금이다.

54 건설기계조종사면허가 취소되었을 경우 그 사유가 발생한 날로부터 10일 이내에 면허증을 반납해야 한다.

55 밸브와 주배관이 접속하는 접속구는 4개이다.

56 시퀀스 밸브는 두 개 이상의 분기회로에서 실린더나 모터의 작동순서를 결정한다.

57 플렉시블 호스는 내구성이 강하고 작동 및 움직임이 있는 곳에 사용하기 적합하다.

58 N·m는 일의 단위이다.

59 디셀러레이션 밸브는 유압모터의 속도를 감속할 때 사용한다.

1	④	2	①	3	③	4	④	5	①	6	①	7	④	8	③	9	④	10	③
11	④	12	④	13	③	14	①	15	③	16	④	17	②	18	③	19	①	20	④
21	④	22	①	23	③	24	②	25	③	26	①	27	②	28	④	29	①	30	②
31	④	32	③	33	①	34	②	35	①	36	③	37	③	38	④	39	③	40	④
41	②	42	③	43	②	44	①	45	③	46	④	47	③	48	③	49	①	50	②
51	④	52	④	53	③	54	④	55	③	56	③	57	①	58	②	59	③	60	①

01 **유압모터의 장점**
- 넓은 범위의 무단변속이 용이하다.
- 소형, 경량으로 큰 출력을 낼 수 있다.
- 과부하에 대해 안전하다.
- 정·역회전 변화가 가능하다.
- 작동이 신속·정확하다.
- 전동모터에 비하여 급속정지가 쉽다.
- 속도나 방향의 제어가 용이하다.
- 회전체의 관성이 작아 응답성이 빠르다.

02 채터링이란 릴리프 밸브에서 볼이 밸브시트를 때려 소음을 발생시키는 현상이다.

03 유압장치의 열 발생원인은 작동유의 점도가 너무 높을 때, 유압장치 내에서 내부마찰이 발생될 때, 유압회로 내의 작동압력이 너무 높을 때, 유압회로 내에서 캐비테이션이 발생될 때, 릴리프 밸브가 닫힌 상태로 고장일 때, 오일 냉각기의 냉각핀이 오손되었을 때, 작동유가 부족할 때이다.

04 유압실린더는 유압펌프에 공급된 유압으로 작동하는 액추에이터이다.

05 유압실린더를 교환 후 엔진을 저속 공회전 시킨 후 공기빼기작업을 실시한다.

06 유압펌프 흡입구는 오일탱크 가장 밑면으로부터 어느 정도 틈새를 두고 설치하여야 한다.

07 납산배터리 액체를 취급할 때에는 고무로 만든 옷을 착용하여야 한다.

08 재해의 복합 발생요인은 환경의 결함, 사람의 결함, 시설의 결함이다.

09 소화기를 사용하여 소화 작업을 할 경우에는 바람을 등지고 위쪽에서 아래쪽을 향해 실시한다.

11 복스 렌치(box wrench)는 볼트와 너트 주위를 감싸 힘의 균형 때문에 미끄러지지 않는다.

13 작업장 내에서 운반차를 이용할 때에는 서행해야 한다.

14 연천인율 = (재해자수/평균근로자수)×1000

15 벨트를 풀리에 걸 때는 정지 상태에서 걸어야 한다.

18 8-12톤이라고 표시된 경우에는 자중이 8톤이고 4톤의 부가하중(밸러스트)을 가중시킬 수 있다.

19 조향 롤이 흔들리는 원인은 링크기구의 이완, 유압호스 파손, 댐퍼 스프링의 파손 때문이다.

20 유압펌프에서 소음이 발생하는 원인은 유압유 부족, 오일 스트레이너 막힘, 유압펌프 흡입 쪽 배관 막힘 때문이다.

21 탬핑 롤러는 강판제의 드럼 바깥둘레에 여러 개의 돌기가 용접으로 고정되어 있어 흙을 다지는 데 매우 효과적이므로 도로의 성토, 하천제방, 어스 댐 등의 넓은 면적을 두꺼운 층으로 균일한 다짐을 요하는 경우 사용된다.

22 타이어 롤러는 소일시멘트(흙과 시멘트를 혼합한 것으로 만든 개량 흙) 토반 다짐에 효과적이다.

23 보조기층 다짐높이는 약 30cm를 표준으로 하는 것이 바람직하다.

24 진동 롤러는 진동을 이용하는 진동형식이다.

25 진동 롤러는 수평방향의 하중이 수직으로 미칠 때 원심력을 가하고 기진력을 서로 조합하여 흙을 다짐하면 적은 무게로 큰 다짐효과를 올릴 수 있다.

26 유압식 진동 롤러의 동력전달 순서는 기관 → 유압펌프 → 유압제어장치 → 유압모터 → 차동기어장치 → 최종감속장치 → 바퀴

27 2륜 방식 철륜 롤러의 안내륜과 연결되어 있는 요크에는 그리스를 주유한다.

29 롤러의 유압실린더는 방향을 전환하는 데 사용된다.

30 머캐덤 롤러로 다짐작업을 할 때는 후방 롤(roll) 쪽의 약 50%가 겹치도록 다짐작업을 해야 가장 이상적인 다짐작업이다.

31 커먼레일 디젤기관의 연료장치는 연료탱크, 연료여과기, 저압연료펌프, 고압연료펌프, 커먼레일, 인젝터로 구성되어 있다.

32 흡기장치의 요구조건에는 각 실린더에 공기가 균일하게 분배되도록 할 것, 공기 충돌을 방지하여 흡입효율이 떨어지지 않도록 굴곡이 없을 것, 연소가 촉진되도록 공기에 와류를 일으킬 것, 흡입부분에는 돌출부가 없을 것, 전체 회전영역에 걸쳐서 흡입효율이 좋을 것, 균일한 분배성능을 지닐 것, 연소속도를 빠르게 할 것 등이 있다.

33 냉각팬이 회전할 때 공기가 불어가는 방향은 방열기 방향이다.

34 일체형식 실린더는 강성 및 강도가 크고 냉각수 누출 우려가 적으며, 부품수가 적고 중량이 가볍다.

35 오일 스트레이너는 오일펌프로 들어가는 오일을 여과하는 부품이며, 일반적으로 철망으로 제작하여 비교적 큰 입자의 불순물을 여과한다.

36 4실린더 엔진은 크랭크축의 위상각이 180°이고 5개의 메인 베어링에 의해 크랭크 케이스에 지지된다.

37 칸델라는 광도의 단위, 럭스(룩스)는 조도의 단위, 루멘은 광속의 단위이다.

38 전해액은 물(증류수)에 황산을 조금씩 혼합하도록 하며 유리막대 등으로 천천히 저어서 냉각한다.

39 렌츠의 법칙이란 "유도 기전력의 방향은 코일 내의 자속의 변화를 방해하려는 방향으로 발생한다." 는 법칙이다.

40 플레밍의 왼손 법칙(Fleming's left hand rule)이란 왼손의 검지를 자기장의 방향, 중지를 전류의 방향으로 했을 때, 엄지가 가리키는 방향이 도체가 받는 힘의 방향이 된다. 이것은 전동기의 원리와 관계가 깊다.

41 길고 급한 경사 길을 운전할 때 반 브레이크를 사용하면 라이닝에서는 페이드가 발생하고, 파이프에서는 베이퍼 록이 발생한다.

42 클러치의 마모가 심하면 클러치가 미끄러지는 원인이 된다.

43 건설기계에 부하가 걸리면 토크컨버터의 터빈속도는 느려진다.

44 클러치의 필요성은 기관의 동력을 전달 또는 차단하기 위해, 변속을 위해, 엔진을 시동할 때 무부하 상태로 놓기 위함이다.

45 작업범위 내에 물품과 사람을 배치해서는 안 된다.

46 배출가스의 상태확인은 운전 중 점검이다.

47 건설기계의 구조변경을 할 수 없는 경우는 건설기계의 기종변경, 육상작업용 건설기계의 규격을 증가시키기 위한 구조변경, 육상작업용 건설기계의 적재함 용량을 증가시키기 위한 구조변경을 한 때이다.

48 면허증 발급 신청할 때 침부하는 서류는 신체검사서, 소형건설기계조종교육이수증, 건설기계조종사면허증(건설기계조종사면허를 받은 자가 면허의 종류를 추가하고자 하는 때에 한한다), 6개월 이내에 촬영한 탈모상반신 사진 2매, 국가기술자격수첩, 자동차운전면허 정보(3톤 미만의 지게차를 조종하려는 경우에 한정한다)이다.

49 대형건설기계
- 길이가 16.7미터를 초과하는 건설기계
- 너비가 2.5미터를 초과하는 건설기계
- 높이가 4.0미터를 초과하는 건설기계
- 최소회전반경이 12미터를 초과하는 건설기계
- 총중량이 40톤을 초과하는 건설기계(다만, 굴착기, 로더 및 지게차는 운전중량이 40톤을 초과하는 경우)
- 총중량 상태에서 축하중이 10톤을 초과하는 건설기계(다만, 굴착기, 로더 및 지게차는 운전중량 상태에서 축하중이 10톤을 초과하는 경우)

50 임시운행 허가사유
- 등록신청을 하기 위하여 건설기계를 등록지로 운행하는 경우
- 신규 등록검사 및 확인검사를 받기 위하여 건설기계를 검사장소로 운행하는 경우
- 수출을 하기 위하여 건설기계를 선적지로 운행하는 경우
- 신개발 건설기계를 시험·연구의 목적으로 운행하는 경우
- 판매 또는 전시를 위하여 건설기계를 일시적으로 운행하는 경우

51 미등록 건설기계를 사용하거나 운행하면 2년 이하의 징역 또는 2,000만 원 이하의 벌금이다.

52 술에 취한 상태(혈중 알코올농도 0.03% 이상 0.08% 미만)에서 건설기계를 조종한 경우 면허효력정지 60일이다.

53 건설기계대여업 등록신청서에 첨부하여야 할 서류는 건설기계 소유사실을 증명하는 서류, 사무실의 소유권 또는 사용권이 있음을 증명하는 서류, 주기장소재지를 관할하는 시장·군수·구청장이 발급한 주기장시설 보유확인서, 계약서 사본이다.

54 등록신청은 시·도지사에게 취득한 날로부터 2개월 이내에 하여야 한다.

55 면허증의 반납사유는 면허가 취소된 때, 면허의 효력이 정지된 때, 면허증의 재교부를 받은 후 잃어버린 면허증을 발견한 때이다.

56 시장·군수 또는 구청장은 국토교통부령으로 정하는 바에 따라 건설기계조종사면허를 취소하거나 1년 이내의 기간을 정하여 건설기계조종사면허의 효력을 정지시킬 수 있다.

57 방향제어밸브의 종류에는 스풀밸브, 체크밸브, 셔틀밸브 등이 있다.

59 액체의 성질
- 공기는 압력을 가하면 압축이 되지만, 액체는 압축되지 않는다.
- 액체는 힘을 전달할 수 있다.
- 액체는 운동을 전달할 수 있다.
- 액체는 힘을 증대시킬 수 있다.
- 액체는 작용력을 감소시킬 수 있다.

60 플렉시블 호스는 내구성이 강하고 작동 및 움직임이 있는 곳에 사용하기 적합하다.

부록

시험 직전에 보는

핵심
이론 요약

① 장비 구조

1 기관 구조

1 기관의 개요

(1) 기관(engine)의 정의 : 열기관(엔진)이란 열에너지(연료의 연소)를 기계적 에너지(크랭크축의 회전)로 변환시키는 장치이다.

(2) 4행정 사이클 기관의 작동 과정 : 크랭크축이 2회전 할 때 피스톤은 흡입 → 압축 → 폭발(동력) → 배기의 4행정을 하여 1사이클을 완성한다.

2 기관의 주요 부분

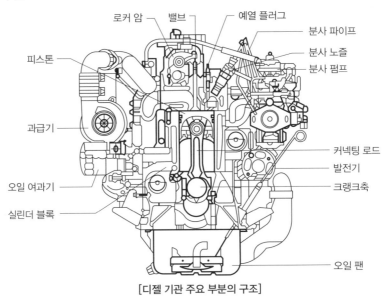

[디젤 기관 주요 부분의 구조]

(1) 실린더 헤드(cylinder head)

① 실린더 헤드의 구조 : 헤드개스킷을 사이에 두고 실린더 블록에 볼트로 설치되며, 피스톤, 실린더와 함께 연소실을 형성한다.

② 디젤기관의 연소실 : 연소실의 종류에는 단실식인 직접분사실식과 복실식인 예연소실식, 와류실식, 공기실식 등이 있다.

③ 헤드개스킷(head gasket) : 실린더 헤드와 블록사이에 삽입하여 압축과 폭발가스의 기밀을 유지하고 냉각수와 기관오일의 누출을 방지한다.

(2) 실린더 블록(cylinder block)

① 일체식 실린더 : 실린더 블록과 같은 재질로 실린더를 일체로 제작한 형식이며, 부품수가 적고 무게가 가벼우며, 강성 및 강도가 크고, 냉각수 누출 우려가 적다.

② 실린더 라이너(cylinder liner) : 실린더 블록과 라이너(실린더)를 별도로 제작한 후 라이너를 실린더 블록에 끼우는 형식으로 습식(라이너 바깥둘레가 냉각수와 직접 접촉함)과 건식이 있다.

(3) 피스톤(piston)의 구비조건
① 중량이 작고, 고온·고압가스에 견딜 수 있을 것
② 블로바이(blow-by : 실린더 벽과 피스톤사이로 가스가 누출되는 현상)가 없을 것
③ 열전도율이 크고, 열팽창률이 적을 것

(4) 피스톤링(piston ring)의 작용
① 기밀작용(밀봉작용)
② 오일제어 작용(실린더 벽의 오일 긁어내리기 작용)
③ 열전도작용(냉각작용)

(5) 크랭크축(crank shaft)
① 피스톤의 직선운동을 회전운동으로 변환시키는 장치이다.
② 메인저널, 크랭크 핀, 크랭크 암, 밸런스 웨이트(평형추) 등으로 되어 있다.

(6) 플라이휠(fly wheel) : 기관의 맥동적인 회전을 관성력을 이용하여 원활한 회전으로 바꾸어 준다.

(7) 밸브기구(valve train)
① 캠축과 캠(cam shaft & cam)
 • 기관의 밸브 수와 같은 캠이 배열된 축으로 크랭크축으로부터 동력을 받아 흡입 및 배기밸브를 개폐시키는 작용을 한다.
 • 4행정 사이클 기관의 크랭크축 기어와 캠축 기어의 지름비율은 1 : 2이고 회전비율은 2 : 1이다.
② 유압식 밸브 리프터(hydraulic valve lifter) : 기관의 작동온도 변화에 관계없이 밸브간극을 0으로 유지시키는 방식

특징	• 밸브간극 조정이 자동으로 조절된다. • 밸브개폐 시기가 정확하다. • 밸브기구의 내구성이 좋다. • 밸브기구의 구조가 복잡하다.

③ 흡입 및 배기밸브(intake & exhaust valve)

밸브의 구비조건	• 열에 대한 저항력이 크고, 열전도율이 좋을 것 • 무게가 가볍고, 열팽창률이 작을 것 • 고온과 고압가스에 잘 견딜 것

3 기관 오일의 작용과 구비조건

(1) 기관 오일의 작용 : 마찰감소·마멸방지 작용, 기밀(밀봉)작용, 열전도(냉각)작용, 세척(청정)작용, 완충(응력분산)작용, 방청(부식방지)작용을 한다.

(2) 기관 오일의 구비조건
① 점도지수가 높고, 온도와 점도와의 관계가 적당할 것
② 인화점 및 자연발화점이 높을 것
③ 강인한 유막을 형성할 것
④ 응고점이 낮고 비중과 점도가 적당할 것
⑤ 기포발생 및 카본생성에 대한 저항력이 클 것

4 윤활장치의 구성부품

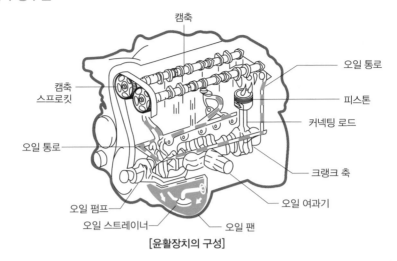

[윤활장치의 구성]

(1) 오일 팬(oil pan) 또는 아래 크랭크 케이스 : 기관오일 저장용기이며, 오일의 냉각작용도 한다.

(2) 오일 스트레이너(oil strainer) : 오일펌프로 들어가는 오일을 유도하며, 철망으로 제작하여 비교적 큰 입자의 불순물을 여과한다.

(3) 오일 펌프(oil pump)

① 오일팬 내의 오일을 흡입 가압하여 오일 여과기를 거쳐 각 윤활부분으로 공급한다.

② 종류에는 기어펌프, 로터리 펌프, 플런저펌프, 베인 펌프 등이 있다.

(4) 오일 여과방식

① 분류식(by pass filter), 샨트식(shunt flow filter), 전류식((full-flow filter)이 있다.

② 전류식은 오일펌프에서 나온 기관 오일의 모두가 여과기를 거쳐서 여과된 후 윤활부분으로 보내는 방식이며, 오일 여과기가 막히는 것에 대비하여 여과기 내에 바이패스 밸브를 둔다.

(5) 유압 조절 밸브(oil pressure relief valve) : 유압이 과도하게 상승하는 것을 방지하여 유압을 일정하게 유지시킨다.

5 디젤기관 연료

(1) 디젤기관 연료의 구비조건

① 연소속도가 빠르고, 점도가 적당할 것　② 자연발화점이 낮을 것(착화가 쉬울 것)

③ 세탄가가 높고, 발열량이 클 것　④ 카본의 발생이 적을 것

⑤ 온도변화에 따른 점도변화가 적을 것

(2) 연료의 착화성 : 디젤기관 연료(경유)의 착화성은 세탄가로 표시한다.

6 디젤기관의 노크(knock or knocking, 노킹)

착화지연기간이 길어져(1/1000~4/1000초 이상) 연소실에 누적된 연료가 많아 일시에 연소되어 실린더 내의 압력상승이 급격하게 되어 발생하는 현상이다.

7 디젤기관 연료 장치(분사 펌프 사용)의 구조와 작용

(1) 연료 탱크(fuel tank) : 겨울철에는 공기 중의 수증기가 응축하여 물이 되어 들어가므로 작업 후 연료를 탱크에 가득 채워 두어야 한다.

(2) 연료 여과기(fuel filter) : 연료 중의 수분 및 불순물을 걸러주며, 오버플로 밸브, 드레인 플러그, 여과망(엘리먼트), 중심파이프, 케이스로 구성된다.

(3) 연료 공급 펌프(fuel feed pump)

① 연료탱크 내의 연료를 연료여과기를 거쳐 분사펌프의 저압부분으로 공급한다.

② 연료계통의 공기빼기 작업에 사용하는 프라이밍 펌프(priming pump)가 설치되어 있다.

(4) 분사 펌프(injection pump) : 연료공급펌프에서 보내준 저압의 연료를 압축하여 분사순서에 맞추어 고압의 연료를 분사노즐로 압송시키는 것으로 조속기와 타이머가 설치되어 있다.

(5) 분사 노즐(injection nozzle)

① 분사펌프에서 보내온 고압의 연료를 미세한 안개 모양으로 연소실 내에 분사한다.

② 연료분사의 3대 조건은 무화(안개 모양), 분산(분포), 관통력이다.

8 전자제어 디젤기관 연료장치(커먼레일 장치)

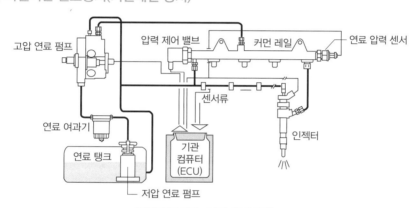

[전자제어 디젤기관의 연료장치]

공기 유량 센서 (AFS, Air Flow Sensor)	• 열막(hot film) 방식을 사용한다. • EGR(exhaust gas recirculation, 배기가스 재순환) 피드백(feed back) 제어와 스모그(smog) 제한 부스트 압력제어(매연 발생을 감소시키는 제어) 기능을 한다.
흡기 온도 센서 (ATS, Air Temperature Sensor)	부특성 서미스터를 사용하며 연료 분사량, 분사 시기, 시동할 때 연료 분사량 제어 등의 보정신호로 사용된다.
연료 온도 센서 (FTS, Fuel Temperature Sensor)	부특성 서미스터를 사용하며, 연료 온도에 따른 연료 분사량 보정신호로 사용된다.
수온 센서 (WTS, Water Temperature Sensor)	부특성 서미스터를 사용하며, 기관 온도에 따른 연료 분사량을 증감하는 보정신호로 사용되며, 기관의 온도에 따른 냉각 팬 제어신호로도 사용된다.
크랭크축 위치 센서 (CPS, Crank Position Sensor)	크랭크축과 일체로 되어 있는 센서 휠(톤 휠)의 돌기를 검출하여 크랭크축의 각도 및 피스톤의 위치, 기관 회전속도 등을 검출한다.
가속페달 위치 센서 (APS, Accelerator Position Sensor)	운전자가 가속페달을 밟은 정도를 ECU로 전달하는 센서이며, 센서 1에 의해 연료 분사량과 분사 시기가 결정되고, 센서 2는 센서 1을 감시하는 기능으로 차량의 급출발을 방지하기 위한 것이다.
연료 압력 센서 (RPS, Rail Pressure Sensor)	반도체 피에조 소자(압전소자)를 사용한다. 이 센서의 신호를 받아 ECU는 연료 분사량 및 분사시기 조정신호로 사용한다.

[ECU(컴퓨터)의 입력요소(각종 센서)]

9 흡기장치(air cleaner, 공기청정기)

연소에 필요한 공기를 실린더로 흡입할 때, 먼지 등의 불순물을 여과하여 피스톤 등의 마모를 방지하는 장치이다.

10 과급기(turbo charger, 터보 차저)

① 흡기관과 배기관 사이에 설치되어 기관의 실린더 내에 공기를 압축하여 공급한다.

② 과급기를 설치하면 기관의 중량은 10~15% 정도 증가되고, 출력은 35~45% 정도 증가한다.

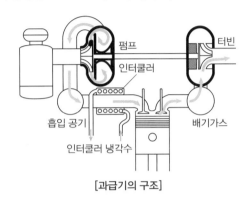

[과급기의 구조]

11 냉각장치의 개요

기관의 정상작동 온도는 실린더 헤드 물재킷 내의 냉각수 온도로 나타내며 약 75~95℃이다.

12 수랭식 기관의 냉각 방식

① 기관 내부의 연소를 통해 일어나는 열에너지가 기계적 에너지로 바뀌면서 뜨거워진 기관을 냉각수로 냉각하는 방식이다.

② 자연 순환방식, 강제 순환방식, 압력 순환방식(가압방식), 밀봉 압력방식 등이 있다.

13 수랭식의 주요 구조와 기능

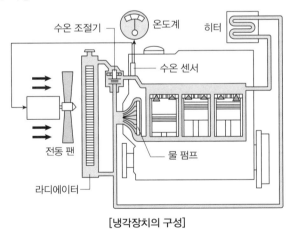

[냉각장치의 구성]

(1) 물 재킷(water jacket) : 실린더 헤드 및 블록에 일체 구조로 된 냉각수가 순환하는 물 통로이다.

(2) 물 펌프(water pump) : 팬벨트를 통하여 크랭크축에 의해 구동되며, 실린더 헤드 및 블록의 물재킷 내로 냉각수를 순환시키는 원심력 펌프이다.

(3) 냉각 팬(cooling fan) : 라디에이터를 통하여 공기를 흡입하여 라디에이터 통풍을 도와주며, 냉각 팬이 회전할 때 공기가 향하는 방향은 라디에이터이다.

(4) 팬 벨트(drive belt or fan belt) : 크랭크축 풀리, 발전기 풀리, 물 펌프 풀리 등을 연결 구동하며, 팬벨트는 각 풀리의 양쪽 경사진 부분에 접촉되어야 한다.

(5) 라디에이터(radiator, 방열기)

라디에이터의 구비조건	• 가볍고 작으며, 강도가 클 것 • 단위면적 당 방열량이 클 것 • 공기 흐름저항이 적을 것 • 냉각수 흐름저항이 적을 것
라디에이터 캡 (radiator cap)	냉각장치 내의 비등점(비점)을 높이고, 냉각범위를 넓히기 위하여 압력식 캡을 사용하며, 압력밸브와 진공밸브로 되어 있다.

(6) 수온조절기(thermostat, 정온기) : 실린더 헤드 물재킷 출구부분에 설치되어 냉각수 온도에 따라 냉각수 통로를 개폐하여 기관의 온도를 알맞게 유지한다.

14 부동액(anti freezer)

메탄올(알코올), 글리세린, 에틸렌글리콜이 있으며, 에틸렌글리콜을 주로 사용한다.

2   전기장치

1 전기의 기초사항

(1) 전류

① 자유전자의 이동이며, 측정단위는 암페어(A)이다.
② 발열작용, 화학작용, 자기작용을 한다.

(2) 전압(전위차)

전류를 흐르게 하는 전기적인 압력이며, 측정단위는 볼트(V)이다.

(3) 저항

① 전자의 움직임을 방해하는 요소이며, 측정단위는 옴(Ω)이다.
② 전선의 저항은 길이가 길어지면 커지고, 지름이 커지면 작아진다.

2 옴의 법칙

① 도체에 흐르는 전류는 전압에 정비례하고, 그 도체의 저항에는 반비례한다.
② 도체의 저항은 도체 길이에 비례하고 단면적에 반비례한다.

3 퓨즈

단락(short)으로 인하여 전선이 타거나 과대전류가 부하로 흐르지 않도록 하는 안전장치이다.

4 반도체 소자

(1) 반도체의 종류

① 다이오드 : P형 반도체와 N형 반도체를 마주 대고 접합한 것으로 정류작용을 한다.

② 포토다이오드 : 빛을 받으면 전류가 흐르지만 빛이 없으면 전류가 흐르지 않는다.

③ 발광다이오드(LED) : 순방향으로 전류를 공급하면 빛이 발생한다.

④ 제너다이오드 : 어떤 전압 하에서는 역방향으로 전류가 흐르도록 한 것이다.

(2) 반도체의 특징

① 내부 전압강하가 적고 수명이 길다.

② 내부의 전력손실이 적고 소형·경량이다.

③ 예열시간을 요구하지 않고 곧바로 작동한다.

④ 고전압에 약하고 150℃ 이상 되면 파손되기 쉽다.

5 기동전동기의 원리

기동전동기의 원리는 플레밍의 왼손법치을 이용한다.

6 기동전동기의 종류

(1) 직권전동기

① 전기자 코일과 계자코일을 직렬로 접속한다.

② 장점은 기동회전력이 크고 부하가 증가하면 회전속도가 낮아지고 흐르는 전류가 커진다는 점이다.

③ 회전속도의 변화가 크다는 단점이 있다.

(2) 분권전동기

전기자 코일과 계자코일을 병렬로 접속한다.

(3) 복권전동기

전기자 코일과 계자코일을 직·병렬로 접속한다.

7 기동전동기의 구조와 기능

① 전기자 코일 및 철심, 정류자, 계자코일 및 계자철심, 브러시와 브러시 홀더, 피니언, 오버러닝 클러치, 솔레노이드 스위치 등으로 구성된다.

② 기관을 시동할 때 기관 플라이휠의 링 기어에 기동전동기의 피니언을 맞물려 크랭크축을 회전시킨다.

③ 기관의 시동이 완료되면 기동전동기 피니언을 플라이휠 링 기어로부터 분리시킨다.

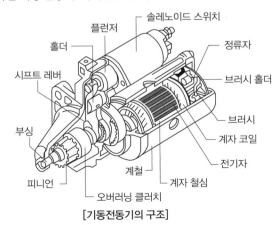

[기동전동기의 구조]

8 기동전동기의 동력전달방식

기동전동기의 피니언을 기관의 플라이휠 링 기어에 물리는 방식에는 벤딕스 방식. 피니언 섭동방식, 전기자 섭동방식 등이 있다.

9 예열 장치(glow system)

겨울철에 주로 사용하는 것으로 흡기다기관이나 연소실 내의 공기를 미리 가열하여 시동을 쉽도록 한다. 즉, 기관에 흡입된 공기온도를 상승시켜 시동을 원활하게 한다.

예열플러그 방식 (glow plug type)	연소실 내의 압축공기를 직접 예열하며 코일형과 실드형이 있다.
흡기가열 방식	흡기히터와 히트레인지가 있으며. 직접분사실식에서 사용한다.

10 축전지

(1) **축전지의 정의** : 기관을 시동할 때에는 화학적 에너지를 전기적 에너지로 꺼낼 수 있고(방전), 전기적 에너지를 주면 화학적 에너지로 저장(충전)할 수 있다.

(2) **축전지의 기능**

① 기관을 시동할 때 시동장치 전원을 공급하며 가장 중요한 기능이다.
② 발전기가 고장일 때 일시적인 전원을 공급한다.
③ 발전기의 출력과 부하의 불균형(언밸런스)을 조정한다.

(3) **납산축전지의 구조와 작용**

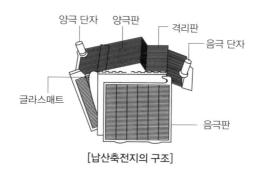

[납산축전지의 구조]

① 극판 : 양극판은 과산화납, 음극판은 해면상납이며 화학적 평형을 고려하여 음극판이 1장 더 많다.
② 극판군 : 셀(cell)이라고도 부르며, 완전충전 되었을 때 약 2.1V의 기전력이 발생한다. 12V 축전지의 경우에는 2.1V의 셀 6개가 직렬로 연결되어 있다.
③ 격리판 : 양극판과 음극판사이에 끼워져 양쪽 극판의 단락을 방지하며, 비전도성이어야 한다.

(4) **전해액(electrolyte)**

① 전해액의 비중 : 묽은 황산을 사용하며, 비중은 20℃에서 완전 충전되었을 때 1.280이다.
② 축전지의 설페이션(유화)의 원인 : 납산 축전지를 오랫동안 방전상태로 방치해 두면 극판이 영구 황산납이 되어 사용하지 못하게 되는 현상이다.

(5) **납산축전지의 화학작용**

① 방전이 진행되면 양극판의 과산화납과 음극판의 해면상납 모두 황산납이 되고, 전해액의 묽은 황산은 물로 변화한다.

② 충전이 진행되면 양극판의 황산납은 과산화납으로, 음극판의 황산납은 해면상납으로 환원되며, 전해액의 물은 묽은 황산으로 되돌아간다.

(6) 납산축전지의 특성

① 방전종지전압 : 축전지의 방전은 어느 한도 내에서 단자 전압이 급격히 저하하며 그 이후는 방전능력이 없어지는 전압이다.

② 축전지 용량
- 용량의 단위는 AH[전류(Ampere)×시간(Hour)]로 표시한다.
- 용량의 크기를 결정하는 요소는 극판의 크기, 극판의 수, 전해액(황산)의 양 등이다.
- 용량표시 방법에는 20시간율, 25암페어율, 냉간율이 있다.

(7) 납산축전지 자기방전(자연방전)의 원인

① 음극판의 작용물질이 황산과의 화학작용으로 황산납이 되기 때문에 구조상 부득이하다.
② 전해액에 포함된 불순물이 국부전지를 구성하기 때문이다.
③ 탈락한 극판 작용물질이 축전지 내부에 퇴적되어 단락되기 때문이다.
④ 죽전지 커버와 케이스의 표면에서 발생하는 전기누설 때문이다.

🔢 충전장치(charging system)

(1) 발전기의 원리

플레밍의 오른손 법칙을 사용하며, 건설기계에서는 주로 3상 교류발전기를 사용한다.

(2) 교류(AC) 충전장치

① 교류발전기의 특징
- 저속에서도 충전 가능한 출력전압이 발생한다.
- 실리콘 다이오드로 정류하므로 정류특성이 좋고 전기적 용량이 크다.
- 속도변화에 따른 적용범위가 넓고 소형·경량이다.
- 브러시 수명이 길고, 전압조정기만 있으면 된다.
- 정류자를 두지 않아 풀리비를 크게 할 수 있다.

② 교류발전기의 구조 : 전류를 발생하는 스테이터(stator), 전류가 흐르면 전자석이 되는(자계를 발생하는) 로터(rotor), 스테이터 코일에서 발생한 교류를 직류로 정류하는 다이오드, 여자전류를 로터코일에 공급하는 슬립링과 브러시, 엔드 프레임 등으로 구성된 타려자 방식(발전초기에 축전지 전류를 공급받아 로터철심을 여자 시키는 방식)의 발전기이다.

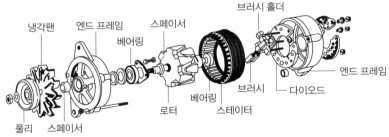

[교류발전기의 구조]

12 전조등(head light or head lamp)과 회로

실드 빔 방식 (shield beam type)	• 반사경에 필라멘트를 붙이고 여기에 렌즈를 녹여 붙인 후 내부에 불활성 가스를 넣어 그 자체가 1개의 전구가 되도록 한 것이다. • 대기의 조건에 따라 반사경이 흐려지지 않고, 사용에 따르는 광도의 변화가 적다는 장점이 있다.
세미실드 빔 방식 (semi shield beam type)	• 렌즈와 반사경은 녹여 붙였으나 전구는 별개로 설치한 것이다. • 필라멘트가 끊어지면 전구만 교환하면 된다.
전조등 회로	양쪽의 전조등은 상향등(high beam)과 하향등(low beam) 별로 병렬로 접속되어 있다.

13 계기와 경고등

(1) 계기판의 계기

속도계	연료계	온도계(수온계)
• 롤러의 주행속도를 표시한다.	• 연료보유량을 표시하는 계기이다. • 지침이 "E"를 지시하면 연료를 보충한다.	• 엔진 냉각수 온도를 표시하는 계 기이다. • 엔진을 시동한 후에는 지침이 작 동범위 내에 올 때까지 공회전시 킨다.

(2) 경고등

엔진점검 경고등	브레이크 고장 경고등	축전지 충전 경고등
• 엔진점검 경고등은 엔진이 비정 상인 작동을 할 때 점등된다. • 엔진검검 경고등이 점등되면 롤 러를 주차시킨 후에 정비업체에 문의한다.	• 브레이크 장치의 오일압력이 정 상 이하이면 경고등이 점등된다. • 경고등이 점등되면 엔진의 가동 을 정리하고 원인을 점검한다.	• 시동스위치를 ON으로 하면 이 경 고등이 점등된다. • 엔진이 작동할 때 충전경고등이 점등되어 있으면 충전회로를 점 검한다.

연료레벨 경고등	안전벨트 경고등	냉각수 과열 경고등
• 이 경고등이 점등되면 즉시 연료를 공급한다.	• 엔진 시동 후 초기 5초 동안 경고등이 점등된다.	• 엔진 냉각수의 온도가 104℃ 이상 되었을 때 점등된다. • 이 경고등이 점등되면 냉각계통을 점검한다.

(3) 표시등

주차 브레이크 표시등	엔진예열 표시등	엔진오일 압력 표시등
• 주차 브레이크가 작동되면 표시등이 점등된다. • 주행하기 전에 표시등이 OFF 되었는지 확인한다.	• 시동스위치가 ON 위치일 때 표시등이 점등되면 엔진 예열장치가 작동 중이다. • 엔진오일 온도에 따라 약 15~45초 후 예열이 완료되면 표시등이 OFF 된다. • 표시등이 OFF 되면 엔진을 시동한다.	• 엔진오일 펌프에서 유압이 발생하여 각 부분에 윤활작용이 가능하도록 하는데 엔진 가동 전에는 압력이 낮으므로 점등되었다가 엔진이 가동되면 소등된다. • 엔진 가동 후에 표시등이 점등되면 엔진의 가동을 정지시킨 후 오일량을 점검한다.

14 냉매

지구환경 문제로 인하여 기존 냉매의 대체가스로 R-134a를 사용한다.

15 에어컨의 구조

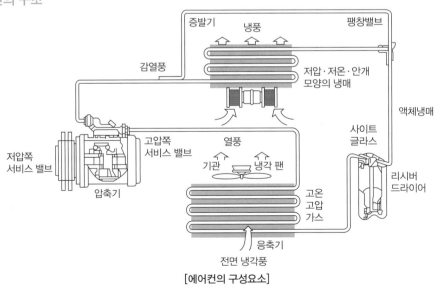

[에어컨의 구성요소]

압축기(compressor)	증발기에서 기화된 냉매를 고온·고압가스로 변환시켜 응축기로 보낸다.
응축기(condenser)	고온·고압의 기체냉매를 냉각에 의해 액체냉매 상태로 변화시킨다.
리시버드라이(receiver dryer)	응축기에서 보내온 냉매를 일시 저장하고 항상 액체상태의 냉매를 팽창밸브로 보낸다.
팽창 밸브(expansion valve)	고압의 액체냉매를 분사시켜 저압으로 감압시킨다.
증발기(evaporator)	주위의 공기로부터 열을 흡수하여 기체 상태의 냉매로 변환시킨다.
송풍기(blower)	직류직권 전동기에 의해 구동되며, 공기를 증발기에 순환시킨다.

3 차체장치

1 클러치(clutch)

(1) **클러치의 작용** : 기관과 변속기 사이에 설치되며, 동력전달장치로 전달되는 기관의 동력을 연결하거나(페달을 놓았을 때) 차단하는(페달을 밟았을 때) 장치이다.

(2) **클러치의 구조**

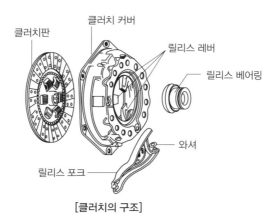

[클러치의 구조]

① 클러치판(clutch disc, 클러치 디스크) : 기관의 플라이휠과 압력판 사이에 설치되며, 기관의 동력을 변속기 입력축을 통하여 변속기로 전달하는 마찰판이다.

② 압력판(pressure plate) : 클러치 스프링의 장력으로 클러치판을 플라이휠에 압착시키는 작용을 한다.

③ 클러치 페달(clutch pedal)의 자유간극(유격)
  • 자유간격이 너무 적으면 클러치가 미끄러지며, 클러치판이 과열되어 손상된다.
  • 자유간격이 너무 크면 클러치 차단이 불량하여 변속기의 기어를 변속할 때 소음이 발생하고 기어가 손상된다.

④ 릴리스 베어링(release bearing) : 클러치 페달을 밟으면 릴리스 레버를 눌러 클러치를 분리시키는 작용을 한다.

(3) **클러치의 용량** : 클러치가 전달할 수 있는 회전력의 크기이며, 사용 기관 회전력의 1.5~2.5배 정도이다.

2 변속기(transmission)

(1) 변속기의 필요성
① 회전력을 증대시킨다.
② 기관을 무부하 상태로 한다.
③ 차량을 후진시키기 위하여 필요하다.

(2) 변속기의 구비조건
① 소형·경량이고, 고장이 없을 것
② 조작이 쉽고 신속할 것
③ 단계가 없이 연속적으로 변속이 될 것
④ 전달효율이 좋을 것

3 자동변속기(Automatic Transmission)

(1) 토크컨버터(torque converter)
① 펌프(pump)는 기관 크랭크축과 연결되고, 터빈(turbine)은 변속기 입력축과 연결된다.
② 펌프, 터빈, 스테이터(stator) 등이 상호운동 하여 회전력을 변환시킨다.
③ 회전력 변환비율은 2~3 : 1이다.

(2) 유성기어장치
링 기어(ring gear), 선 기어(sun gear), 유성기어(planetary gear), 유성기어 캐리어(planetary carrier)로 구성된다.

4 드라이브 라인(drive line)
슬립이음(길이 변화), 자재이음(구동각도 변화), 추진축으로 구성된다.

5 종 감속기어와 차동장치

(1) 종 감속기어(final reduction gear) : 기관의 동력을 바퀴까지 전달할 때 마지막으로 감속하여 전달한다.

(2) 차동장치(differential gear system) : 타이어형 건설기계가 선회할 때 바깥쪽 바퀴의 회전속도를 안쪽 바퀴보다 빠르게 한다. 즉, 선회할 때 좌우 구동바퀴의 회전속도를 다르게 한다.

6 동력조향장치(power steering system)

(1) 동력조향장치의 장점
① 조향 기어비를 조작력에 관계없이 선정할 수 있다.
② 굴곡노면에서의 충격을 흡수하여 조향핸들에 전달되는 것을 방지한다.
③ 작은 조작력으로 조향 조작을 할 수 있어 조향조작이 경쾌하고 신속하다.
④ 조향핸들의 시미(shimmy)현상을 줄일 수 있다.

(2) 동력조향장치의 구조 : 유압발생장치(오일펌프), 유압제어장치(제어밸브), 작동장치(유압실린더)로 되어있다.

7 앞바퀴 얼라인먼트(Front Wheel Alignment)

(1) 앞바퀴 얼라인먼트(정렬)의 개요 : 캠버, 캐스터, 토인, 킹핀 경사각 등이 있다.

(2) 앞바퀴 얼라인먼트 요소의 정의

① 캠버(camber) : 앞바퀴를 앞에서 보면 바퀴의 윗부분이 아래쪽보다 더 벌어져 있는데 이 벌어진 바퀴의 중심선과 수선사이의 각도이다.

② 캐스터(caster) : 앞바퀴를 옆에서 보았을 때 조향축(킹핀)이 수선과 어떤 각도를 두고 설치된 상태이다.

③ 토인(toe-in) : 앞바퀴를 위에서 아래로 보았을 때 앞쪽이 뒤쪽보다 좁게 되어져 있는 상태이다.

8 타이어의 구조

(1) 트레드(tread) : 타이어가 직접 노면과 접촉되어 마모에 견디고 적은 슬립으로 견인력을 증대시키는 부분이다.

(2) 브레이커(breaker) : 몇 겹의 코드 층을 내열성의 고무로 싼 구조로 되어 있으며, 트레드와 카커스의 분리를 방지하고 노면에서의 완충작용도 한다.

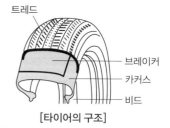

[타이어의 구조]

(3) 카커스(carcass) : 타이어의 골격을 이루는 부분이며, 공기압력을 견디어 일정한 체적을 유지하고, 하중이나 충격에 따라 변형하여 완충작용을 한다.

(4) 비드부분(bead section) : 타이어가 림과 접촉하는 부분이며, 비드부분이 늘어나는 것을 방지하고 타이어가 림에서 빠지는 것을 방지하기 위해 내부에 몇 줄의 피아노선이 원둘레 방향으로 들어 있다.

9 유압 브레이크(hydraulic brake)
유압 브레이크는 파스칼의 원리를 응용한다.

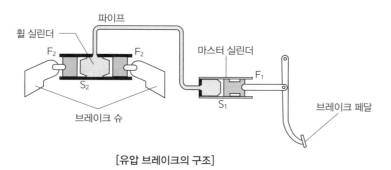

[유압 브레이크의 구조]

① 마스터 실린더(master cylinder) : 브레이크 페달을 밟으면 유압을 발생시킨다.

② 휠 실린더(wheel cylinder) : 마스터 실린더에서 압송된 유압에 의하여 브레이크슈를 드럼에 압착시킨다.

③ 브레이크슈(brake shoe) : 휠 실린더의 피스톤에 의해 드럼과 접촉하여 제동력을 발생하는 부품이며, 라이닝이 리벳이나 접착제로 부착되어 있다.

④ 브레이크 드럼(brake drum) : 휠 허브에 볼트로 설치되어 바퀴와 함께 회전하며, 브레이크슈와의 마찰로 제동을 발생시킨다.

⑩ 배력 브레이크(servo brake)

　① 진공배력 방식(하이드로 백)은 기관의 흡입행정에서 발생하는 진공(부압)과 대기압 차이를 이용한다.

　② 진공배력 장치(하이드로 백)에 고장이 발생하여도 유압 브레이크로 작동한다.

⑪ 공기브레이크(air brake)

(1) 공기브레이크의 장점

　① 차량 중량에 제한을 받지 않는다.

　② 공기가 다소 누출되어도 제동성능이 현저하게 저하되지 않는다.

　③ 베이퍼록(vapor lock) 발생 염려가 없다.

　④ 페달 밟는 양에 따라 제동력이 제어된다.

(2) 공기브레이크 작동

압축공기의 압력을 이용하여 모든 바퀴의 브레이크슈를 드럼에 압착시켜서 제동 작용을 한다.

4 　유압장치

① 유압장치의 개요

　(1) 유압의 정의 : 유압유의 압력에너지(유압)를 이용하여 기계적인 일을 하는 장치이다.

　(2) 파스칼(Pascal)의 원리 : 밀폐된 용기 내의 한 부분에 가해진 압력은 액체 내의 모든 부분에 같은 압력으로 전달된다.

　(3) 압력 : 압력=가해진 힘÷단면적(힘/면적)이다. 단위는 kgf/cm^2, PSI, Pa(kPa, MPa), mmHg, bar, mAq, atm(대기압) 등이 있다.

　(4) 유량 : 단위는 GPM(gallon per minute) 또는 LPM(ℓ/min, liter per minute)을 사용한다.

② 유압펌프 구조와 기능

　① 원동기(내연기관, 전동기 등)로부터의 기계적인 에너지를 이용하여 유압유에 압력 에너지를 부여해 주는 장치이다.

　② 종류에는 기어펌프, 베인 펌프, 피스톤(플런저)펌프, 나사펌프, 트로코이드 펌프 등이 있다.

③ 압력제어 밸브(pressure control valve)

　① 일의 크기를 결정하며, 유압장치의 유압을 일정하게 유지하고 최고압력을 제한한다.

　② 종류에는 릴리프 밸브, 감압(리듀싱) 밸브, 시퀀스 밸브, 무부하(언로드) 밸브, 카운터 밸런스 밸브 등이 있다.

④ 유량제어 밸브(flow control valve)

　① 액추에이터의 운동속도를 결정한다.

　② 종류에는 속도제어 밸브, 급속배기 밸브, 분류 밸브, 니들 밸브, 오리피스 밸브, 교축 밸브(스로틀 밸브), 스톱 밸브, 스로틀 체크밸브 등이 있다.

5 방향제어 밸브(direction control valve)

　① 유압유의 흐름방향을 결정한다. 즉, 액추에이터의 작동방향을 바꾸는 데 사용한다.

　② 종류에는 스풀 밸브, 체크 밸브, 셔틀 밸브 등이 있다.

6 유압실린더(hydraulic cylinder)

　① 실린더, 피스톤, 피스톤 로드로 구성되며 직선왕복 운동을 한다.

　② 종류에는 단동실린더, 복동실린더(싱글로드형과 더블로드형), 다단실린더, 램형실린더가 있다.

7 유압모터(hydraulic motor)

　① 유압 에너지에 의해 연속적으로 회전운동 하여 기계적인 일을 하는 장치이다.

　② 종류에는 기어 모터, 베인 모터, 플런저 모터가 있다.

8 유압기호

정용량 유압 펌프		압력 스위치	
가변용량형 유압 펌프		단동 실린더	
복동 실린더		릴리프 밸브	
무부하 밸브		체크 밸브	
축압기(어큐뮬레이터)		공기·유압 변환기	
압력계		오일탱크	
유압 동력원		오일 여과기	
정용량형 펌프·모터		회전형 전기 액추에이터	
가변용량형 유압 모터		솔레노이드 조작 방식	
간접 조작 방식		레버 조작 방식	
기계 조작 방식		복동 실린더 양로드형	
드레인 배출기		전자·유압 파일럿	

9 유압유(작동유)의 구비조건

① 점도지수 및 체적탄성계수가 클 것
② 적절한 유동성과 점성이 있을 것
③ 화학적 안정성이 클 것 즉, 산화 안정성(방청 및 방식성)이 좋을 것
④ 압축성·밀도 및 열팽창 계수가 작을 것
⑤ 기포분리 성능(소포성)이 클 것
⑥ 인화점 및 발화점이 높고, 내열성이 클 것

10 기타 부속장치

(1) 오일 탱크의 구조 : 유압유를 저장하는 장치이며, 주입구 캡, 유면계(오일탱크 내의 오일량 표시), 격판(배플), 스트레이너, 드레인 플러그 등으로 구성되어 있다.

(2) 어큐뮬레이터(accumulator, 축압기) : 유압펌프에서 발생한 유압을 저장하고, 맥동을 소멸시키고 유압 에너지의 저장, 충격흡수 등에 이용되는 기구이다.

2 롤러 안전관리

1 산업안전보건

1 재해율

① 도수율 : 근로시간 100만 시간당 발생하는 사고건수이다.
② 강도율 : 근로시간 1,000시간당의 재해에 의한 노동손실 일수이다.
③ 연천인율 : 1년 동안 1,000명의 근로자가 작업할 때 발생하는 사상자의 비율이다.

2 산업재해

(1) 산업재해의 정의 : 근로자가 업무에 관계되는 건설물·설비·원재료·가스·증기·분진 등에 의하거나 작업 또는 그 밖의 업무로 인하여 사망 또는 부상하거나 질병에 걸리게 되는 것이다.

(2) 산업재해 부상의 종류
① 무상해 사고 : 응급처치 이하의 상처로 작업에 종사하면서 치료를 받는 상해정도
② 응급조치 상해 : 1일 미만의 치료를 받고 다음부터 정상작업에 임할 수 있는 상해정도
③ 경상해 : 부상으로 1일 이상 14일 이하의 노동손실을 가져온 상해정도
④ 중상해 : 부상으로 2주 이상의 노동손실을 가져온 상해정도

3 안전보호구(protective equipment)

(1) 안전보호구의 구비조건

① 착용이 간단하고 착용 후 작업하기 쉬울 것

② 유해, 위험요소로부터 보호성능이 충분할 것

③ 품질과 끝마무리가 양호할 것

④ 외관 및 디자인이 양호할 것

(2) 안전보호구를 선택할 때 주의사항

① 사용목적에 적합하고, 품질이 좋을 것

② 사용하기가 쉬워야 하고, 관리하기 편할 것

③ 작업자에게 잘 맞을 것

(3) 안전보호구의 종류

① 안전모(safety cap) : 안전모는 작업자가 작업할 때 비래하는 물건이나 낙하하는 물건에 의한 위험성
　으로부터 머리를 보호한다.

② 안전화(safety shoe)

경작업용	금속선별, 전기제품조립, 화학제품 선별, 식품가공업 등 경량의 물체를 취급하는 작업장용이다.
보통작업용	기계공업, 금속가공업, 등 공구부품을 손으로 취급하는 작업 및 차량 사업장, 기계 등을 조작하는 일반작업장용이다.
중작업용	광산에서 채광, 철강업에서 원료 취급, 강재 운반 등 중량물 운반 작업 및 중량이 큰 물체를 취급하는 작업장용이다.

③ 안전작업복(safety working clothes)
- 작업장에서 안전모, 작업화, 작업복을 착용하도록 하는 이유는 작업자의 안전을 위함이다.
- 작업에 따라 보호구 및 그 밖의 물건을 착용할 수 있어야 한다.
- 소매나 바지 자락을 조일 수 있어야 한다.
- 화기사용 직장에서는 방염성, 불연성이어야 한다.
- 작업복은 몸에 맞고 동작이 편해야 한다.
- 상의의 끝이나 바지 자락 등이 기계에 말려 들어갈 위험이 없어야 한다.
- 옷소매는 되도록 폭이 좁게 된 것, 단추가 달린 것은 피해야 한다.

④ 보안경 : 보안경은 날아오는 물체로부터 눈을 보호하고 유해광선에 의한 시력장해를 방지하기 위해
　사용한다.

4 안전장치(safety device)

(1) 안전대

① 안전대는 신체를 지지하는 요소와 구조물 등 걸이설비에 연결하는 요소로 구성된다.

② 안전대의 용도는 작업제한, 작업 자세 유지, 추락억제이다.

(2) 사다리식 통로

① 견고한 구조로 만들고, 심한 손상, 부식 등이 없는 재료를 사용할 것

② 발판의 간격은 일정하게 만들고, 발판 폭은 30cm 이상으로 만들 것

③ 사다리가 넘어지거나 미끄러지는 것을 방지하기 위한 조치를 할 것
④ 발판과 벽과의 사이는 15cm 이상의 간격을 유지할 것
⑤ 사다리의 상단(끝)은 걸쳐놓은 지점으로부터 60cm 이상 올라가도록 할 것
⑥ 사다리식 통로의 길이가 10m 이상인 경우에는 5m 이내마다 계단참을 설치할 것
⑦ 사다리식 통로는 90°까지 설치할 수 있다. 다만, 고정식이면서, 75°를 넘고, 사다리 높이가 7m를 넘으면 바닥으로 높이 2m 지점부터 등받이가 있어야 한다.

(3) 방호장치

격리형 방호장치	작업점 외에 직접 사람이 접촉하여 말려들거나 다칠 위험이 있는 장소를 덮어씌우는 방호장치 방법이다.
덮개형 방호조치	V−벨트나 평 벨트 또는 기어가 회전하면서 접선방향으로 물려 들어가는 장소에 많이 설치한다.
접근 반응형 방호장치	작업자의 신체부위가 위험한계 또는 그 인접한 거리로 들어오면 이를 감지하여 그 즉시 동작하던 기계를 정지시키거나 스위치가 꺼지도록 하는 방호법이다.

5 화물의 낙하재해 예방
① 화물의 적재상태를 확인한다.
② 허용하중을 초과한 적재를 금지한다.
③ 마모가 심한 타이어는 교체한다.
④ 무자격자는 운전을 금지한다.
⑤ 작업장 바닥의 요철을 확인한다.

6 협착 및 충돌재해 예방
① 전용통로를 확보한다.
② 운행구간별 제한속도 지정 및 표지판을 부착한다.
③ 교차로 등 사각지대에 반사경을 설치한다.
④ 불안전한 화물적재 금지 및 시야를 확보하도록 적재한다.
⑤ 경사진 노면에 건설기계를 방치하지 않는다.

7 안전표지
① 금지표지 : 바탕은 흰색, 기본모형은 빨간색, 관련부호 및 그림은 검정색이다.
② 경고표지 : 노란색 바탕에 기본모형은 검은색, 관련부호와 그림은 검정색이다.
③ 지시표지 : 청색 원형바탕에 백색으로 보호구사용을 지시한다.
④ 안내표지 : 바탕은 흰색, 기본모형 관련부호 및 그림은 녹색 또는 바탕은 녹색, 기본모형 관련부호 및 그림은 흰색이다.

금지표지	출입 금지	보행 금지	차량 통행 금지	사용 금지	탑승 금지	금연	화기 금지	물체 이동 금지
	인화성물질 경고	산화성물질 경고	폭발성물질 경고	급성독성물질 경고	부식성물질 경고	방사성물질 경고	고압 전기 경고	매달린 물체 경고
경고표지	낙하물 경고	고온 경고	저온 경고	몸균형 상실 경고	레이저 광선 경고	발암성·변이원성·생식독성·전신독성· 호흡기과민성물질경고		위험 장소 경고
	보안경 착용	방독마스크 착용	방진마스크 착용	보안면 착용	안전모 착용	귀마개 착용	안전화 착용	안전장갑 착용
지시표지	안전복 착용							
안내표지	녹십자	응급구호	들것	세안장치	비상용기구	비상구	좌측 비상구	우측 비상구

관계자외 출입 금지	허가대상물질 작업장	석면 취급/해체 작업 중	금지대상물질의 취급 실험실 등
	관계자외 출입 금지 (허가물질 명칭) 제조/사용/보관 중 보호구/보호복 착용 흡연 및 음식물 섭취 금지	관계자외 출입 금지 석면 취급/해체 중 보호구/보호복 착용 흡연 및 음식물 섭취 금지	관계자외 출입 금지 발암물질 취급 중 보호구/보호복 착용 흡연 및 음식물 섭취 금지

문자 추가 시 예시문	화기엄금	• 내 자신의 건강과 복지를 위하여 안전을 늘 생각한다. • 내 가정의 행복과 화목을 위하여 안전을 늘 생각한다. • 내 자신의 실수로써 동료를 해치지 않도록 안전을 늘 생각한다. • 내 자신이 일으킨 사고로 인한 회사의 재산과 손실을 방지하기 위하여 안전을 늘 생각한다. • 내 자신의 방심과 불안전한 행동이 조국의 번영에 장애가 되지 않도록 하기 위하여 안전을 늘 생각한다.

8 안전수칙 확인

① 안전보호구 지급착용

② 안전보건표지 부착

③ 안전보건교육 실시

④ 안전작업 절차준수

2 작업·장비 안전관리

1 작업 안전관리 및 교육

① 각종 계기 점검과 이상 소음 및 냄새를 확인한다.

② 전·후진할 때 위험상황을 확인한다.

③ 작업 중 추돌사고를 예방한다. 다음과 같은 사항을 주의한다.

• 조종사 이외는 롤러 탑승을 금지한다.

• 교통 및 작업자를 통제한다.

• 작업 중 안전표지판을 설치한다.

• 안전거리를 확보한다.

• 신호수를 배치한다.

④ 전복사고를 예방한다. 다음과 같은 사항을 주의한다.

• 조종사 이외는 롤러 사용을 금지한다.

• 경사면을 주행할 때 전도위험에 주의한다.

• 태만한 운전을 삼간다.

⑤ 운전석을 이탈할 때의 안전조치는 다음과 같다.

• 조종사가 롤러에서 내려오기 전 모든 작동을 멈춘다.

• 주차 브레이크를 작동시킨다.

• 시동스위치를 뽑고 문을 잠근다.

2 수공구 안전사항

(1) 수공구를 사용할 때 주의사항

① 수공구를 사용하기 전에 이상 유무를 확인한다.

② 작업자는 필요한 보호구를 착용한다.

③ 용도 이외의 수공구는 사용하지 않는다.

④ 공구를 던져서 전달해서는 안 된다.

(2) 렌치를 사용할 때 주의사항

① 볼트 및 너트에 맞는 것을 사용, 즉 볼트 및 너트 머리 크기와 같은 조(jaw)의 렌치를 사용한다.

② 볼트 및 너트에 렌치를 깊이 물린다.

③ 렌치를 몸 안쪽으로 잡아 당겨 움직이도록 한다.

④ 힘의 전달을 크게 하기 위하여 파이프 등을 끼워서 사용해서는 안 된다.

(3) 토크렌치(torque wrench) 사용방법

① 볼트·너트 등을 조일 때 조이는 힘을 측정하기(조임력을 규정 값에 정확히 맞도록) 위하여 사용한다.

② 오른손은 렌치 끝을 잡고 돌리며, 왼손은 지지점을 누르고 눈은 게이지 눈금을 확인한다.

(4) 드라이버를 사용할 때 주의사항

① 스크루 드라이버의 크기는 손잡이를 제외한 길이로 표시한다.
② 날 끝의 홈의 폭과 길이가 같은 것을 사용한다.
③ 작은 크기의 부품이라도 경우 바이스(vise)에 고정시키고 작업한다.
④ 전기 작업을 할 때에는 절연된 손잡이를 사용한다.

(5) 해머작업을 할 때 주의사항

① 해머로 녹슨 것을 때릴 때에는 반드시 보안경을 쓴다.
② 기름이 묻은 손이나 장갑을 끼고 작업하지 않는다.
③ 해머는 작게 시작하여 차차 큰 행정으로 작업한다.
④ 타격면은 평탄하고, 손잡이는 튼튼한 것을 사용한다.

3 드릴작업을 할 때 주의사항

① 구멍을 거의 뚫었을 때 일감 자체가 회전하기 쉽다.
② 드릴의 탈부착은 회전이 멈춘 다음 행한다.
③ 공작물은 단단히 고정시켜 따라 돌지 않게 한다.
④ 드릴 끝의 가공물 관통여부를 손으로 확인해서는 안 된다.
⑤ 드릴작업은 장갑을 끼고 작업해서는 안 된다.
⑥ 작업 중 쇳가루를 입으로 불어서는 안 된다.
⑦ 드릴작업을 하고자 할 때 재료 밑의 받침은 나무판을 이용한다.

4 그라인더(연삭숫돌) 작업을 할 때 주의사항

① 숫돌차와 받침대 사이의 표준간격은 2~3mm 정도가 좋다.
② 반드시 보호안경을 착용하여야 한다.
③ 안전커버를 떼고서 작업해서는 안 된다.
④ 숫돌작업은 측면에 서서 숫돌의 정면을 이용하여 연삭한다.

3 건설기계관리법규

1 건설기계관리법

1 건설기계관리법의 목적

건설기계의 등록·검사·형식승인 및 건설기계사업과 건설기계 조종사 면허 등에 관한 사항을 정하여 건설기계를 효율적으로 관리하고 건설기계의 안전도를 확보하여 건설공사의 기계화를 촉진함을 목적으로 한다.

2 건설기계의 신규 등록

(1) 건설기계를 등록할 때 필요한 서류

① 건설기계의 출처를 증명하는 서류(건설기계 제작증, 수입면장, 매수증서)
② 건설기계의 소유자임을 증명하는 서류
③ 건설기계 제원표
④ 자동차손해배상보장법에 따른 보험 또는 공제의 가입을 증명하는 서류

(2) 건설기계 등록신청

① 건설기계를 등록하려는 건설기계의 소유자는 건설기계소유자의 주소지 또는 건설기계의 사용본거지를 관할하는 특별시장·광역시장·도지사 또는 특별자치도지사("시·도지사")에게 제출하여야 한다.
② 건설기계등록신청은 건설기계를 취득한 날(판매를 목적으로 수입된 건설기계의 경우에는 판매한 날)부터 2개월 이내에 하여야 한다. 다만, 전시·사변 기타 이에 준하는 국가비상사태 하에 있어서는 5일 이내에 신청하여야 한다.

3 등록번호표

(1) 등록번호표에 표시되는 사항 : 기종, 등록관청, 등록번호, 용도 등이 표시된다.

(2) 번호표의 색상

① 비사업용(관용 또는 자가용) : 흰색 바탕에 검은색 문자
② 대여사업용 : 주황색 바탕에 검은색 문자
③ 임시운행 번호표 : 흰색 페인트 판에 검은색 문자

(3) 건설기계 등록번호

① 관용 : 0001~0999
② 자가용 : 1000~5999
③ 대여사업용 : 6000~9999

4 미등록 건설기계의 임시운행사유

① 등록신청을 하기 위하여 건설기계를 등록지로 운행하는 경우
② 신규등록검사 및 확인검사를 받기 위하여 건설기계를 검사장소로 운행하는 경우
③ 수출을 하기 위하여 건설기계를 선적지로 운행하는 경우
④ 수출을 하기 위하여 등록말소 한 건설기계를 점검·정비의 목적으로 운행하는 경우
⑤ 신개발 건설기계를 시험·연구의 목적으로 운행하는 경우
⑥ 판매 또는 전시를 위하여 건설기계를 일시적으로 운행하는 경우

5 건설기계 검사

(1) 건설기계 검사의 종류

① 신규등록 검사 : 건설기계를 신규로 등록할 때 실시하는 검사이다.
② 정기 검사 : 건설공사용 건설기계로서 3년의 범위에서 국토교통부령으로 정하는 검사유효기간이 끝난 후에 계속하여 운행하려는 경우에 실시하는 검사로 대기환경보전법 및 소음·진동관리법에 따른 운행차의 정기검사이다.

③ 구조변경 검사 : 건설기계의 주요구조를 변경 또는 개조한 때 실시하는 검사이다.

④ 수시 검사 : 성능이 불량하거나 사고가 자주 발생하는 건설기계의 안전성 등을 점검하기 위하여 수시로 실시하는 검사로 건설기계 소유자의 신청을 받아 실시하는 검사이다.

(2) 정기검사 신청기간 및 검사기간 산정

① 정기검사를 받고자 하는 자는 검사유효기간 만료일 전후 각각 31일 이내에 신청한다.

② 유효기간의 산정은 정기검사신청기간까지 정기검사를 신청한 경우에는 종전 검사유효기간 만료일의 다음 날부터, 그 외의 경우에는 검사를 받은 날의 다음 날부터 기산한다.

(3) 검사소에서 검사를 받아야 하는 건설기계 : 덤프트럭, 콘크리트믹서트럭, 콘크리트펌프(트럭적재식), 아스팔트살포기, 트럭지게차(국토교통부장관이 정하는 특수건설기계인 트럭지게차)

(4) 당해 건설기계가 위치한 장소에서 검사하는(출장검사) 경우

① 도서지역에 있는 경우

② 자체중량이 40톤을 초과하거나 축중이 10톤을 초과하는 경우

③ 너비가 2.5m를 초과하는 경우

④ 최고속도가 시간당 35km 미만인 경우

(5) 정비명령 : 정기검사에서 불합격한 건설기계로 재검사를 신청하는 건설기계의 소유자에 대해서는 적용하지 않는다. 다만, 재검사기간 내에 검사를 받지 않거나 재검사에 불합격한 건설기계에 대해서는 31일 이내의 기간을 정하여 해당 건설기계의 소유자에게 정비명령을 할 수 있다.

6 건설기계의 구조변경을 할 수 없는 경우

① 건설기계의 기종변경

② 육상작업용 건설기계의 규격을 증가시키기 위한 구조변경

③ 육상작업용 건설기계의 적재함 용량을 증가시키기 위한 구조변경

7 건설기계조종사 면허의 결격사유

① 18세 미만인 사람

② 건설기계 조종 상의 위험과 장해를 일으킬 수 있는 정신질환자 또는 뇌전증환자로서 국토교통부령으로 정하는 사람

③ 앞을 보지 못하는 사람, 듣지 못하는 사람, 그 밖에 국토교통부령으로 정하는 장애인

④ 건설기계 조종 상의 위험과 장해를 일으킬 수 있는 마약·대마·향정신성의약품 또는 알코올중독자로서 국토교통부령으로 정하는 사람

⑤ 건설기계조종사면허가 취소된 날부터 1년이 지나지 아니하였거나 건설기계조종사면허의 효력정지 처분 기간 중에 있는 사람

⑥ 거짓이나 그 밖의 부정한 방법으로 건설기계조종사면허를 받은 경우와 건설기계조종사면허의 효력정지기간 중 건설기계를 조종한 경우의 사유로 취소된 경우에는 2년이 지나지 아니한 사람

8 자동차 제1종 대형면허로 조종할 수 있는 건설기계

덤프트럭, 아스팔트살포기, 노상안정기, 콘크리트믹서트럭, 콘크리트펌프, 천공기(트럭적재식), 특수건설기계 중 국토교통부장관이 지정하는 건설기계이다.

⑨ 건설기계조종사 면허를 반납하여야 하는 사유
  ① 건설기계 면허가 취소된 때
  ② 건설기계 면허의 효력이 정지된 때
  ③ 면허증의 재교부를 받은 후 잃어버린 면허증을 발견한 때

⑩ 건설기계면허 적성검사 기준
  ① 두 눈을 동시에 뜨고 잰 시력이 0.7 이상일 것(교정시력을 포함)
  ② 두 눈의 시력이 각각 0.3 이상일 것(교정시력을 포함)
  ③ 55데시벨(보청기를 사용하는 사람은 40데시벨)의 소리를 들을 수 있고, 언어 분별력이 80% 이상일 것
  ④ 시각은 150도 이상일 것
  ⑤ 마약, 알코올 중독의 사유에 해당되지 아니할 것

⑪ 건설기계조종사 면허취소 사유

(1) 면허취소 사유
  ① 거짓이나 그 밖의 부정한 방법으로 건설기계조종사면허를 받은 경우
  ② 건설기계조종사면허의 효력정지기간 중 건설기계를 조종한 경우
  ③ 건설기계 조종 상의 위험과 장해를 일으킬 수 있는 정신질환자 또는 뇌전증환자로서 국토교통부령으로 정하는 사람
  ④ 앞을 보지 못하는 사람, 듣지 못하는 사람, 그 밖에 국토교통부령으로 정하는 장애인
  ⑤ 건설기계 조종 상의 위험과 장해를 일으킬 수 있는 마약 · 대마 · 향정신성의약품 또는 알코올중독자로서 국토교통부령으로 정하는 사람
  ⑥ 고의로 인명피해(사망·중상·경상 등)를 입힌 경우
  ⑦ 건설기계조종사면허증을 다른 사람에게 빌려 준 경우
  ⑧ 술에 만취한 상태(혈중 알코올농도 0.08% 이상)에서 건설기계를 조종한 경우
  ⑨ 술에 취한 상태에서 건설기계를 조종하다가 사고로 사람을 죽게 하거나 다치게 한 경우
  ⑩ 2회 이상 술에 취한 상태에서 건설기계를 조종하여 면허효력정지를 받은 사실이 있는 사람이 다시 술에 취한 상태에서 건설기계를 조종한 경우
  ⑪ 약물(마약, 대마, 향정신성 의약품 및 환각물질)을 투여한 상태에서 건설기계를 조종한 경우
  ⑫ 정기적성검사를 받지 않거나 적성검사에 불합격한 경우

(2) 면허정지 기간

인명 피해를 입힌 경우	• 사망 1명마다 면허효력정지 45일 • 중상 1명마다 면허효력정지 15일 • 경상 1명마다 면허효력정지 5일
재산 피해를 입힌 경우	피해금액 50만 원마다 면허효력정지 1일 (90일을 넘지 못함)
건설기계 조종 중에 고의 또는 과실로 가스공급시설을 손괴하거나 가스공급시설의 기능에 장애를 입혀 가스의 공급을 방해한 경우	면허효력정지 180일
술에 취한 상태(혈중 알코올 농도 0.03% 이상 0.08% 미만)에서 건설기계를 조종한 경우	면허효력정지 60일

12 벌칙

(1) 2년 이하의 징역 또는 2,000만 원 이하의 벌금

① 등록되지 아니한 건설기계를 사용하거나 운행한 자

② 등록이 말소된 건설기계를 사용하거나 운행한 자

③ 시·도지사의 지정을 받지 아니하고 등록번호표를 제작하거나 등록번호를 새긴 자

(2) 1년 이하의 징역·또는 1,000만 원 이하의 벌금

① 거짓이나 그 밖의 부정한 방법으로 등록을 한 자

② 등록번호를 지워 없애거나 그 식별을 곤란하게 한 자

③ 구조변경검사 또는 수시검사를 받지 아니한 자

④ 정비명령을 이행하지 아니한 자

⑤ 형식승인, 형식변경승인 또는 확인검사를 받지 아니하고 건설기계의 제작 등을 한 자

⑥ 사후관리에 관한 명령을 이행하지 아니한 자

⑦ 내구연한을 초과한 건설기계 또는 건설기계 장치 및 부품을 운행하거나 사용한 자

⑧ 내구연한을 초과한 건설기계 또는 건설기계 장치 및 부품의 운행 또는 사용을 알고도 말리지 아니하거나 운행 또는 사용을 지시한 고용주

⑨ 부품인증을 받지 아니한 건설기계 장치 및 부품을 사용한 자

⑩ 부품인증을 받지 아니한 건설기계 장치 및 부품을 건설기계에 사용하는 것을 알고도 말리지 아니하거나 사용을 지시한 고용주

⑪ 매매용 건설기계를 운행하거나 사용한 자

⑫ 폐기인수 사실을 증명하는 서류의 발급을 거부하거나 거짓으로 발급한 자

⑬ 폐기요청을 받은 건설기계를 폐기하지 아니하거나 등록번호표를 폐기하지 아니한 자

⑭ 건설기계조종사면허를 받지 아니하고 건설기계를 조종한 자

⑮ 건설기계조종사면허를 거짓이나 그 밖의 부정한 방법으로 받은 자

⑯ 소형 건설기계의 조종에 관한 교육과정의 이수에 관한 증빙서류를 거짓으로 발급한 자

⑰ 술에 취하거나 마약 등 약물을 투여한 상태에서 건설기계를 조종한 자와 그러한 자가 건설기계를 조종하는 것을 알고도 말리지 아니하거나 건설기계를 조종하도록 지시한 고용주

⑱ 건설기계조종사면허가 취소되거나 건설기계조종사면허의 효력정지처분을 받은 후에도 건설기계를 계속하여 조종한 자

⑲ 건설기계를 도로나 타인의 토지에 버려둔 자

(3) 100만 원 이하의 과태료

① 수출의 이행 여부를 신고하지 아니하거나 폐기 또는 등록을 하지 아니한 자

② 등록번호표를 부착·봉인하지 아니하거나 등록번호를 새기지 아니한 자

③ 등록번호표를 부착 및 봉인하지 아니한 건설기계를 운행한 자

④ 등록번호표를 가리거나 훼손하여 알아보기 곤란하게 한 자 또는 그러한 건설기계를 운행한 자

⑤ 등록번호의 새김명령을 위반한 자

⑥ 건설기계안전기준에 적합하지 아니한 건설기계를 도로에서 운행하거나 운행하게 한 자

⑦ 조사 또는 자료제출 요구를 거부·방해·기피한 자

⑧ 특별한 사정없이 건설기계임대차 등에 관한 계약과 관련된 자료를 제출하지 아니한 자

⑨ 건설기계사업자의 의무를 위반한 자

⑩ 안전교육 등을 받지 아니하고 건설기계를 조종한 자

4 조종 및 작업

1 롤러 조종

1 롤러의 개요

① 롤러는 전압기계라고도 부르며 주로 도로, 비행장의 활주로 공사 등에서 마지막 작업으로 지반이나 지층을 다지는 건설기계이다.

② 전압장치를 가진 자주식 롤러와 피견인 진동롤러 등이 있다.

③ 롤러의 종류에는 다짐 방법에 따라 자체중량을 이용하는 전압방식, 진동을 이용하는 진동방식, 충격을 이용하는 충격방식 등이 있다.

- 선압방식 : 탠덤 롤러, 머캐덤 롤러, 타이어 롤러
- 진동방식 : 진동 롤러, 컴팩터(compactor)
- 충격방식 : 래머(rammer), 탬퍼(tamper)

> - 롤러의 규격이 8-12톤인 경우 : 자체중량이 8톤이고 4톤의 부가하중(밸러스트)을 가중시킬 수 있다는 의미이다.

2 타이어 롤러 조종

① 타이어 공기압으로 다짐능력을 조정할 수 있으며, 다짐속도가 비교적 빠르고 골재를 파괴시키지 않고 골고루 다질 수 있어 아스팔트 혼합재료의 다짐용으로 적합하다.

② 아스팔트 다짐에서 타이어 롤러를 사용하는 이유는 다짐 속도가 빠르고, 균일한 밀도를 얻을 수 있으며, 타이어 공기압을 이용하여 접지압 조정이 쉽기 때문이다.

③ 전압은 부가하중(밸러스트)과 타이어 공기압으로 조정하며, 바퀴가 상하로 움직이도록 하는 이유는 동일한 압력으로 지면을 누르기 위함이다.

[타이어 롤러]

④ 앞차축(전축)과 뒤차축(후축)의 타이어 수가 다른 이유는 노면을 일정하게 다지기 위함이다.

⑤ 타이어 지지기구는 노면상태와 관계없이 균일한 하중으로 다짐작업을 할 수 있도록 하며, 지지방식은 다음과 같다.

- 고정방식 : 각 차축이 프레임에 고정되어 있다.
- 상호요동 방식 : 프레임에 차축의 중심선이 지지되고 각 바퀴가 상하운동을 한다.
- 수직가동 방식(독립지지 방식) : 각 바퀴마다 독립된 유압 실린더 또는 공기 스프링 등을 사용하여 개별 상하운동을 한다.

3 진동 롤러 조종

① 수평 방향의 하중이 수직으로 미칠 때 원심력을 가하고 기진력을 서로 조합하여 흙을 다짐하면 적은 무게로 큰 다짐 효과를 높인다.

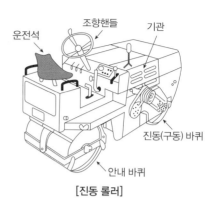

[진동 롤러]

② 롤(roll)에 진동을 주어 다짐효과를 증가시키며, 롤(roll)의 자체중량 부족은 바퀴 내의 기진기의 원심력으로 보충한다.

③ 제방 및 도로 경사지 모서리 다짐에 사용되며, 또 흙·자갈 등의 다짐에 효과적이다.

④ 기진력의 크기를 결정하는 요소에는 편심추의 회전수, 편심추의 무게, 편심추의 편심량 등이 있다.

⑤ 동력전달계통에는 기진계통과 주행계통을 갖추고 있다.

⑥ 동력전달순서 : 기관 → 유압펌프 → 유압제어장치 → 유압모터 → 차동장치 → 최종감속 장치 → 바퀴

4 머캐덤 롤러 조종

① 3륜 자동차와 같은 형식으로 롤러를 배치한 것으로 6~12톤 정도이다.

② 조향할 때 안쪽 바퀴와 바깥쪽 바퀴의 회전비율을 다르게 하기 위해 차동장치를 사용한다.

③ 작업할 때 모래땅이나 연약한 지반에서 바퀴의 슬립을 방지하여 작업 또는 직진성능을 주기 위하여 차동제한장치(차동고정 장치)를 설치한다.

④ 가열포장 아스팔트 재료의 초기 다짐에 사용된다.

[머캐덤 롤러]

5 탠덤 롤러 조종

① 앞바퀴, 뒷바퀴 각 1개의 철륜을 가진 롤러를 2축 탠덤 롤러 또는 탠덤 롤러라 하며, 3륜을 따라 나열한 것을 3축 탠덤 롤러라고 한다.

② 3축 탠덤롤러는 뒤쪽 2륜이 요동 빔 세트에 의해 자유 다짐, 반고정 다짐, 전고정 다짐이 가능하며 이것에 의해 롤러의 선압(1륜 당의 하중/롤러 폭)을 변화시킬 수 있어 양호한 평탄성능을 확보할 수 있다.

③ 점성토나 자갈, 쇄석의 다짐, 아스팔트 포장의 마무리 전압(轉壓) 작업에 적합하다.

④ 역청 포장의 완성 다짐이나 차가운 아스팔트 다짐에 사용되며 골재 층을 다져서는 안 된다.

6 콤비 롤러 조종

① 콤비 롤러는 뒤쪽 드럼(롤)을 제거하고 4개의 공기압 타이어로 대체한 더블드럼 진동 롤러이다.

② 앞쪽에 있는 진동 강철드럼은 아래에서 위로 아스팔트 리프트를 압축하기 위한 동적 힘을 제공한다.

③ 뒤쪽에서는 4개의 매끄러운 공기압 타이어가 위에서 아래로 매트를 반죽하여 투과성을 줄이는 닫힌 질감을 만들어낸다.

[콤비 롤러]

1 **롤러의 구조와 명칭**

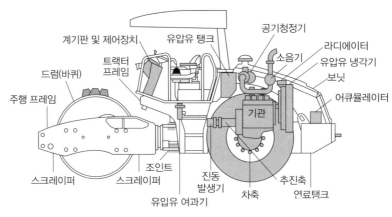

[롤러의 외관 명칭]

2 **롤(roll, 바퀴 또는 드럼이라고도 함)**

① 앞바퀴는 2개이며 구동장치가 부착되어 있고, 뒷바퀴는 안내바퀴로 1개이다.

② 앞바퀴와 뒷바퀴의 지름은 같으며 폭은 앞바퀴가 뒷바퀴보다 더 넓다.

③ 앞바퀴는 커브를 원활히 회전하기 위한 조향장치가 있다.

④ 롤은 일반 구조용 압연강철로 벤딩(bending)하여 용접한다.

⑤ 뒷바퀴에는 롤(roll) 체적의 1/2 범위 내에서 물이나 모래를 채워 부가하중을 가해 사용하기도 한다.

⑥ 롤(roll)의 표면에 곰보자국이나 스크래치가 많으면 포장면의 품질을 저하시킬 수 있으므로 표면관
리를 철저하게 한다.

3 **스크레이퍼(scraper)**

작업 중 롤러 표면에 달라붙는 아스콘 및 흙을 긁어내는 장치로 마모의 정도에 따라 간극을 조정해 주
거나 블레이드를 교체하여 사용한다.

4 **살수 장치(물 뿌림 장치)**

① 다짐 효과의 향상과 아스팔트가 타이어 또는 롤에 부착되지 않도록 하기 위한 것이다.

② 노즐분사 방식에는 기계방식과 전기방식이 있다.

5 **토사·골재 다짐 작업**

① 소정의 접지압력을 받을 수 있도록 부가하중(밸러스트)을 증감한다.

② 다짐 작업을 할 때 전·후진 조작은 원활히 하고 정지시간은 짧게 한다.

③ 다짐 작업을 할 때 주행속도는 일정하게 한다.

④ 다짐 작업을 할 때 급격한 조향은 피한다.

⑤ 직선으로 1/2씩 중첩 다짐을 한다.

⑥ 구동바퀴는 포장방향으로 진행한다.

⑦ 다짐 작업은 포장이 연결된 부분부터 시작한다.
⑧ 롤러가 같은 위치에서 정지되지 않도록 작업한다.

6 아스콘 다짐 작업
① 아스팔트살포기로 아스팔트를 노면에 분사한다.
② 아스팔트피니셔를 이용하여 포장할 노면 위에 일정한 규격과 두께로 깔아 준다.
③ 머캐덤 롤러를 이용하여 초기 전압을 한다.
④ 타이어 롤러를 이용하여 2차 전압을 한다.
⑤ 진동 롤러를 이용하여 3차 마무리 전압을 한다.

7 진동 작업
① 주행속도 제어장치를 "OFF" 시켜 운전 회전속도 모드로 한다.
② 프리 셀렉터를 이용하여 진동진폭을 선택한다.
③ 스로틀 제어장치를 이용하여 최대 회전속도로 조절한다.
④ 롤러를 이동시키고 진동 작동스위치를 "ON" 시켜 진동을 시작한다. 이때 제어등이 점등된다.
⑤ 진동 작동스위치를 눌러 원위치로 하게 되면 진동이 멈춘다.
⑥ 진동이 작동될 때는 진폭설정 전환을 할 수가 없다. 따라서 진폭설정을 전환하기 위해서는 진동 작동을 멈춘 상태에서 실시한다.

8 작업 중 점검
① 엔진의 이상소음 및 배기가스 색깔을 점검한다. (배기가스 색깔이 무색이면 정상)
② 유압경고등, 충전경고등, 온도계 등 각종 계기들을 점검한다.
③ 각 부분의 오일 누출 여부를 점검한다.
④ 각종 작업레버 및 페달의 작동상태를 점검한다.
⑤ 운전 중 경고등이 점등하거나 결함이 발생하면 즉시 기관의 가동을 정차시킨 후 점검한다.

9 작업 전·후 점검

(1) 작업 전 점검
① 연료, 냉각수 및 엔진오일 보유량과 상태를 점검한다.
② 유압유의 유량과 상태를 점검한다.
③ 각종 오일 및 냉각수의 누출부위는 없는지 점검한다.
④ 타이어 롤러의 경우에는 공기압을 점검한다.
⑤ 각종 부품의 볼트나 너트의 풀림 여부를 점검한다.

(2) 작업 완료 후 점검
① 각 부품의 변형 및 파손 유무, 볼트나 너트의 풀림 여부를 점검한다.
② 롤러의 내·외부를 청소한다.
③ 연료를 보충한다.

교통안전표지일람표

주의표지

- 101 십자형 교차로
- 102 T자형 교차로
- 103 Y자형 교차로
- 104 ㅏ자형 교차로
- 105 ㅓ자형 교차로
- 106 우선도로
- 107 우합류도로
- 108 좌합류도로
- 109 회전형 교차로
- 110 철길건널목
- 111 우로굽은도로
- 112 좌로굽은도로
- 113 우좌로이중굽은도로
- 114 좌우로이중굽은도로
- 115 2방향통행
- 116 오르막 경사
- 117 내리막 경사
- 118 도로폭이 좁아짐
- 119 우측차로 없어짐
- 120 좌측차로 없어짐
- 121 우측방통행
- 122 양측방통행
- 123 중앙분리대 시작
- 124 중앙분리대 끝남
- 125 신호기
- 126 미끄러운 도로
- 127 강변도로
- 128 노면 고르지 못함
- 129 과속방지턱
- 130 낙석도로
- 131 (삭제)
- 132 횡단보도
- 133 어린이보호
- 134 자전거
- 135 도로공사중
- 136 비행기
- 137 횡풍
- 138 터널
- 138의2 교량
- 139 야생동물보호
- 140 위험 DANGER
- 141 상습정체구간

규제표지

- 201 통행금지
- 202 자동차통행금지
- 203 화물자동차통행금지
- 204 승합자동차통행금지
- 205 이륜자동차및원동기장치자전거통행금지
- 206 자동차·이륜자동차및원동기장치자전거통행금지
- 207 경운기·트랙터및손수레통행금지
- 208 (삭제)
- 209 자전거 통행금지
- 210
- 211 진입금지
- 212 직진금지
- 213 우회전금지
- 214 좌회전금지
- 215 (삭제)
- 216 유턴금지
- 217 앞지르기 금지
- 218 정차·주차금지
- 219 주차금지
- 220 차중량제한
- 221 차높이제한
- 222 차폭제한
- 223 차간거리확보
- 224 최고속도제한
- 225 최저속도제한
- 226 서행 SLOW
- 227 일시정지 STOP
- 228 양보 YIELD
- 229 (삭제)
- 230 보행자보행금지
- 231 위험물적재차량 통행금지

지시표지

- 301 자동차전용도로
- 302 자전거전용도로
- 303 자전거및보행자 겸용도로
- 304 회전교차로
- 305 직진
- 306 우회전
- 307 좌회전
- 308 직진 및 우회전
- 309 직진 및 좌회전
- 309의2 좌회전및유턴
- 310 좌우회전
- 311 유턴
- 312 양측방통행
- 313 우측면통행
- 314 좌측면통행
- 315 진행방향별통행구분
- 316 우회로
- 317 자전거및보행자통행구분
- 318 자전거전용차로
- 319 주차장
- 320 자전거주차장
- 321 보행자전용도로
- 322 횡단보도
- 323 노인보호
- 324 어린이보호
- 324의2
- 325 자전거횡단도
- 326 일방통행
- 327 일방통행
- 328 일방통행
- 329 비보호좌회전
- 330 버스전용차로
- 331 다인승전용차로
- 332 통행우선
- 333 자전거나란히통행허용

보조표지

- 401 거리
- 402 거리
- 403 구역
- 404 일자
- 405 시간
- 406 시간
- 407 신호등화상태
- 408 전방우선도로
- 409 안전속도
- 410 기상상태
- 411 노면상태
- 412 교통규제
- 413 통행규제
- 414 차량한정
- 415 통행주의
- 415의2 충돌주의
- 416 표지설명
- 417 구간시작
- 418 구간내
- 419 구간끝
- 420 우방향
- 421 좌방향
- 422 전방
- 423 중량
- 424 노폭
- 425 거리
- 426 (삭제)
- 427 해제
- 428 건너가기

표지판

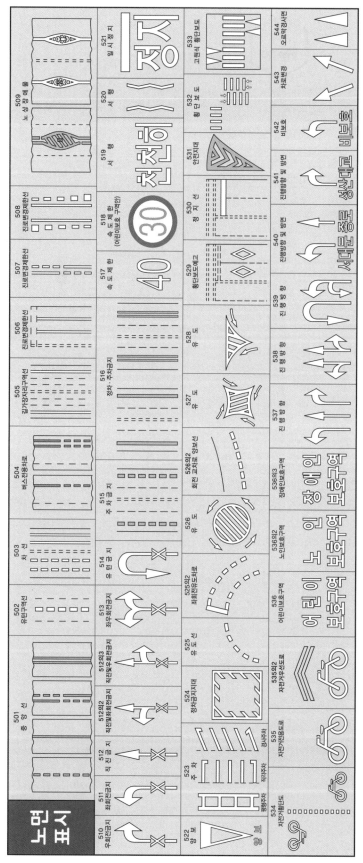

노면표시

501 중앙선	502 유턴구역선	503 차선	504 버스전용차로	505 길가장자리구역선	506 진로변경제한선	507 진로변경제한선	508 진로변경제한선	509 노상장애물
510 우회전금지 511 좌회전금지 512 직진금지 512의2 직진및좌회전금지 512의3 직진및우회전금지 513 좌우회전금지 514 유턴금지	515 주차금지 516 정차·주차금지	517 속도제한 518 속도제한(어린이보호구역) 519 서행 520 서행 521 일시정지	523 주차 524 정차금지지대 525 유도선 525의2 좌회전유도차로 526 유도 526의2 회전교차로 양보선	527 유도 528 유도 529 횡단보도예고 530 정지선 531 안전지대 532 횡단보도 533 고원식 횡단보도	534 자전거횡단도 535 자전거전용도로 535의2 자전거우선도로 536 어린이보호구역 536의2 노인보호구역 536의3 장애인보호구역	537 진행방향 538 진행방향 539 진행방향 540 진행방향 및 방면 541 진행방향 및 방면 542 비보호 543 차로변경 544 오르막경사면		

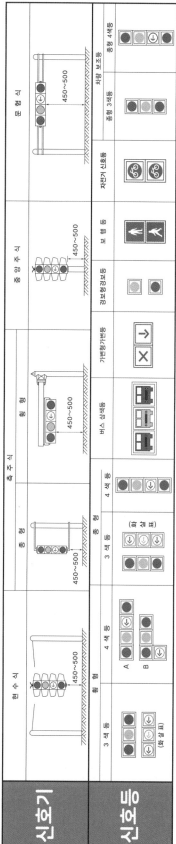

신호기

현수식	측주식		중앙주식	문형식
	종형	횡형		

신호등

현수식	측주식			중앙주식			문형식	
횡형	종형	횡형			보행등	자전거 신호등	차량 보조등	
3색등 4색등	3색등 4색등	버스 삼색등	가변차로등 경보형경보등	보행등			종형 3색등	종형 4색등

Memo